中华人民共和国水利部
中华人民共和国财政部

水利工程管理单位定岗标准
水利工程维修养护定额标准

U0364390

黄河水利出版社

图书在版编目(CIP)数据

水利工程管理单位定岗标准、水利工程维修养护定额标准/中华人民共和国水利部,中华人民共和国财政部发布.—郑州:黄河水利出版社,2004.10(2006.12重印)
ISBN 7-80621-828-9

Ⅰ.水…　Ⅱ.①中…　②中…　Ⅲ.①水利工程-施工管理-劳动定额-标准-中国②水利工程-维修-经济定额-标准-中国　Ⅳ.TV512-65

中国版本图书馆 CIP 数据核字(2004)第 093189 号

出　版　社:黄河水利出版社
　　　　　　地址:河南省郑州市金水路 11 号　　　邮政编码:450003
发行单位:黄河水利出版社
　　　　　　发行部电话及传真:0371-6022620
　　　　　　E-mail:yrcp@public.zz.ha.cn
承印单位:郑州豫兴印刷有限公司
开本:850mm×1168mm　1/32
印张:6
字数:150 千字　　　　　　　　印数:13 101—18 100
版次:2004 年 10 月第 1 版　　　印次:2006 年 12 月第 4 次印刷

书号:ISBN 7-80621-828-9/TV·369　　定价:28.00 元

水 利 部
财 政 部 文件

水办〔2004〕307号

关于印发《水利工程管理单位定岗标准（试点）》和《水利工程维修养护定额标准（试点）》的通知

各流域机构,各省、自治区、直辖市水利(水务)厅(局)、财政厅(局),各计划单列市水利(水务)局、财政局:

根据国务院办公厅转发的《水利工程管理体制改革实施意见》(国办发〔2002〕45号,以下简称《实施意见》)精神,水利部、财政部共同制定了《水利工程管理单位定岗标准(试点)》(以下简称《定岗标准》)和《水利工程维修养护定额标准(试点)》(以下简称《定额标准》),并决定在各流域机构选择部分水利工程管理单位(以下简称水管单位)进行试点。现将《定岗标准》和《定额标准》印发你们,并就有关事项通知如下,请认真贯彻执行。

一、《定岗标准》和《定额标准》是《实施意见》的重要配套文件,是水管单位合理定岗定员的重要依据,也是财政部门核定各项补助经费的参考依据之一。试点单位要做好宣传,抓好培训,认真做好贯彻落实工作。

二、《定岗标准》和《定额标准》适用于水利部、财政部确定的中央直属水利工程管理体制改革试点单位,各地自行试点的水管单位参照执行。其他水管单位可参照《定岗标准》进行定岗定员。

水利部《关于发布全国水利工程管理体制改革试点联系市(县)和单位的通知》(办建管〔2003〕81号)公布的全国水管体制改革试点联系市(县)和单位可纳入各地的试点范围。

各流域机构的试点单位和试点方案由水利部、财政部确定。

三、《定岗标准》和《定额标准》所称水管单位,是指直接从事水利工程管理、具有独立法人资格、实行独立核算的工程管理单位。

试点单位要在认真测算的基础上做好水管单位的分类定性工作。对于纯公益性水管单位和经营性水管单位,因其承担的任务不同,应分别将其定性为事业单位和企业。对于准公益性水管单位,应视其经营收益状况而定,不具备自收自支条件的,定性为事业单位;具备自收自支条件的,定性为企业。

四、根据分类定性和管养分离的要求,《定岗标准》只对管养分离后纯公益性单位和准公益性单位中公益性部分的管理、运行、观测等岗位进行定岗定员;对承担水利工程维修养护以及供水、发电等经营性任务岗位的定岗定员,不适用本《定岗标准》,其所需岗位和人员应本着精简高效的原则确定。

五、《定岗标准》的岗位设置和岗位定员按照"因事设岗、以岗定责、以工作量定员"的原则确定。每类工程的岗位数量是该类工程管理单位中承担公益性管理任务可设置岗位数的上限。

"因事设岗",是指一个水管单位在承担的纯公益性管理任务中具有某个岗位的职责时,才能设置相应岗位;否则不应设置。

"以工作量定员",是指在劳动定额分析的基础上,按年工作量的多少合理确定岗位人员。坚持"一人多岗"。杜绝"以岗定员"和"按事定员"。

六、《定岗标准》以管理单一工程的基层水管单位(独立法人)为对象进行定岗定员。对一个管理单位同时管理多个水利工程的、实行集约化管理的,适用《定岗标准》进行定岗定员时,应遵循以下具体原则:

水管单位的单位负责、行政管理、技术管理、财务与资产管理、水政监察以及辅助类岗位应统一设置,合理归并。

同时管理多个大中型水库、水闸、灌区、泵站及 1~4 级河道堤防工程的管理单位,其单位负责、行政管理、技术管理、财务与资产管理及水政监察等 5 类岗位的定员总数,以单个工程上述 5 类岗位定员总数最大值为基数,乘以 1.0~1.3 的调整系数;运行、观测类岗位定员按各工程分别定员后累加,鼓励一人多岗,能够归并的应予以归并。

同时管理多个小型水库工程的管理单位,其单位负责、技术管理及财务与资产管理等 3 类岗位的定员总数,以单个工程上述 3 类岗位定员总数最大值为基数,乘以 1.0~3.0 的调整系数;运行维护类岗位定员按各工程分别定员后累加。

为优化人员结构,精简管理机构,推进集约化管理,提倡一个管理单位同时管理多个水利工程。对于中小型水利工程,可逐步实现区域化管理,组建区域化的维修养护企业。严格限制新增管理单位。坚决杜绝趁改革之机膨胀管理单位数量。

七、地处偏僻的水管单位,因其交通不便、信息闭塞,生产、生活条件艰苦,社会化服务滞后,可在现阶段设置少量的工程保卫、车船驾驶、办公及生活区管理、后勤服务等辅助类岗位。要严格控制、精简辅助类岗位和人员,大力提倡和积极推进辅助职能的社会化服务。

八、《定岗标准》中未涉及的由水管单位负责管理的其他各类公益性工程或设施(如船闸等),其运行、观测类定岗定员可参照有关规定执行,但单位负责、行政管理、技术管理、财务与资产管理、水政监察等类岗位及定员不得另行增加。

九、《定额标准》是水利工程管理单位实行"管养分离"后年度日常的水利工程维修养护经费预算编制和核定的依据。洪水和其他重大险情造成的工程修复、应急度汛、防汛备石及工程抢险费用、水利工程更新改造费用及其他专项费用另行申报和核定。

十、《定额标准》为公益性水利工程维修养护经费定额标准。对准公益性水利工程,要按照工程的功能或资产比例划分公益部分,具体划分方法是:

同时具有防洪、发电、供水等功能的准公益性水库工程,参照《水利工程管理单位财务制度(暂行)》〔(94)财农字第 397 号文〕,采用库容比例法划分:公益部分维修养护经费分摊比例＝防洪库容/(兴利库容＋防洪库容)。

同时具有排涝、灌溉等功能的准公益性水闸、泵站工程,按照《水利工程管理单位财务制度(暂行)》的规定,采用工作量比例法划分:公益部分维修养护经费分摊比例＝排水工时/(提水工时＋排水工时)。

灌区工程由各地根据其功能、水费到位情况、工程管理状况等因素合理确定公益部分维修养护经费分摊比例。

十一、适用《定额标准》的,要对水利工程按照堤防工程、控导工程、水闸工程、泵站工程、水库工程和灌区工程等进行分类,按照《定额标准》的规定划分工程维修养护等级。根据工程维修养护等级和相关的工程维修养护规程及考核标准,按照《定额标准》的规定,合理确定维修养护项目及其工作(工程)量。

十二、对于《定额标准》中调整系数的使用,要根据水利工程实际形态和实际的影响因素,按照《定额标准》的规定,合理确定水利工程维修养护的调整系数,分别计算出调整系数的调整增减值,最终计算出水利工程维修养护项目工作(工程)量。

十三、各试点主管单位要根据所辖水利工程特点和管理要求,相应制定水利工程维修养护规定和考核办法,作为对水管单位工作考核的依据。试点单位要在"管养分离"的基础上,由管理单位与维修养护单位签订维修养护合同。合同的主要内容应包括:项目名称、项目内容、工作(工程)量、合同金额、质量要求、考核监督、结算方式及违约责任等。

十四、根据《实施意见》规定,对于只承担防洪、排涝任务的河道堤防、水闸、泵站等纯公益性工程,适用《定岗标准》确定的岗位人员的基本支出,可纳入各级财政负担;对于既承担防洪、排涝任务,又兼有供水、发电等有经营性的水库、水闸、泵站、灌区等准公益性工程,适用《定岗标准》确定的岗位人员等项支出,根据工程的功能和公益性、经营性资产比例,合理确定财政负担水平。

要将事业性质的准公益性水管单位的经营性资产净收益和其他投资收益纳入单位的经费预算,按照收支两条线原则,统一核算水管单位的经费支出。

十五、《定岗标准》和《定额标准》的试点工作由水利部、财政部共同组织实施。各地要建立以水行政和财政主管部门牵头、其他相关部门参加的组织领导机构,精心策划,认真组织,加强指导,稳步推进。

十六、各试点单位要积极推进"管养分离",明确岗位职责,合理确定水管单位的岗位和人员数量。各级水行政主管部门和财政部门要严格把关,认真审查。各地各单位要及时总结和推广试点工作中的好经验、好做法,并将试点工作进展情况、《定岗标准》和《定额标准》执行过程中遇到的问题和建议及时反馈水利部、财政部。

中华人民共和国水利部
中华人民共和国财政部
二〇〇四年七月二十九日

水利工程管理单位定岗标准

主持单位： 水利部建设与管理司
财政部农业司
水利部农村水利司

主编单位： 水利部水利建设与管理总站
中国灌溉排水发展中心
水利部天津水利水电勘测设计研究院

参编单位： 水利部黄河水利委员会
辽宁省水利厅
浙江省水利厅

主　　编： 周学文　曹广生　李代鑫　俞衍升

副 主 编： 祖雷鸣　吴振鹏　姜开鹏　张严明　何志华

执行主编： 张严明　刘六宴　张绍强　李启业

编制人员： 周　可　凡科军　徐元明　匡少涛　闫冠宇　苏广新
吉　晔　汪自力　施建英　朱建中　薛占群　肖向红
党　平　刘新华　苗　青　许雨新　孙春生　朴哲浩
季仁保　张玉初　贺德俊　王长海　王仲梅　姚月伟
韩　强　冯保清　尉成海　葛东宝　王晓辉　查德钊
岳瑜素　刘湘宁　张文洁　吴海文　武永新　宋志强
郑月芳　李端明　魏　伟　代林英　焦德顺　孔令科
刘永清　沈秀英　徐永田　雷俊荣　马建新　徐永彬
张　北　周益安　梅燕侠　赫明天　于海波　蒋堪堪

咨询专家： 曹松润　黄林泉　王润海　石德容　徐佩菊　岳元璋
陈秋楚

水利工程维修养护定额标准

主持单位： 水利部经济调节司
　　　　　　　财政部农业司
主编单位： 水利部黄河水利委员会
参编单位： 黄河水利科学研究院
　　　　　　　中国灌溉排水发展中心

主　　编： 张红兵	曹广生	徐　乘		
副 主 编： 赫崇成	吴振鹏	夏明海		
执行主编： 苏　铁	周明勤	张希芳		
编制人员： 周　可	凡科军	焦　朴	田治宗	许雨新
张建怀	何红生	李宝军	张行森	郝中州
汪自力	王仲梅	舒楚明	张永杰	吴钦山
陈　龙	张绍强	冯保清	贺德俊	吉　晔
许学强	张振洋	陈俊普	刘跃辉	王念彪
李家祥	陈复信	王　森	耿新杰	田孟学
李文刚	李学启	郭　红	陈桂杰	吴　全
朴哲浩	周长春			

目　录

水利工程管理单位定岗标准

水利工程维修养护定额标准

水利工程管理单位定岗标准

（试点）

1 总 则

1.0.1 为加强水利工程管理,保证工程安全,充分发挥工程效益,规范水利工程管理单位的岗位设置和岗位定员,特制定本标准。

1.0.2 本标准适用于将养护修理人员分离后的水库和大中型水闸、大中型灌区、大中型泵站及1~4级河道堤防工程管理单位中从事公益性工程管理、运行、观测等的岗位设置和岗位定员。

涝区管理单位和无堤防工程的河道管理单位,其岗位设置和定员可参照本标准执行。

1.0.3 为合理设置岗位和岗位定员,本标准根据水利工程管理的实际,将水库、大中型水闸、大中型灌区、大中型泵站及1~4级河道堤防工程分别划分了相应的定员级别。

1.0.4 各水利工程管理单位应根据工程的实际情况,按照"因事设岗、以岗定责、以工作量定员"的原则定岗定员。

1.0.5 本标准将大中型水库、水闸、灌区、泵站和1~4级河道堤防工程管理单位的岗位划分为单位负责、行政管理、技术管理、财务与资产管理、水政监察、运行、观测和辅助类等八个类别。将小型水库工程管理单位的岗位划分为单位负责、技术管理、财务与资产管理、运行维护和辅助类等五个类别。

1.0.6 水利工程管理单位可根据水行政主管部门的授权,设置水政监察岗位并履行水政监察职责。

1.0.7 辅助类岗位未作具体规定,其岗位定员按其他各类岗位定员总和的一定比例确定。

1.0.8 水利工程管理单位中党群机构的岗位设置和岗位定员按有关规定执行。

1.0.9 管理多个水利工程的管理单位,其单位负责、行政管理、技术管理、财务与资产管理、水政监察及辅助类岗位应统一设置,运行、观测类岗位按需要设置。

1.0.10 管理多个水库和大中型水闸、大中型灌区、大中型泵站及1~4级河道堤防工程的管理单位,其单位负责、行政管理、技术管理、财务与资产管理及水政监察等五类岗位定员总数,按单个工程上述五类岗位定员总数最大值为基数,乘以调整系数确定,调整系数为1.0~1.3;运行、观测类岗位定员按各工程分别确定后相加。

其中,管理多座小型水库工程的管理单位,其单位负责、技术管理、财务与资产管理等三类岗位定员总数,按单个工程上述三类岗位定员最大值为基数,乘以调整系数确定,调整系数为1.0~3.0;运行维护类岗位定员按各工程分别确定后相加。

1.0.11 水利工程管理单位岗位设置和岗位定员除符合本标准外,尚应符合国家有关现行法规和标准的规定。

2 大中型水库工程管理单位岗位设置

2.1 岗位类别及名称

2.1.1 大中型水库工程管理单位的岗位类别及名称见表2.1.1。

表2.1.1 大中型水库工程管理单位岗位类别及名称

序 号	岗位类别	岗 位 名 称
1	单位负责类	单位负责岗位
2		技术总负责岗位
3		财务与资产总负责岗位
4	行政管理类	行政事务负责与管理岗位
5		文秘与档案管理岗位
6		人事劳动教育管理岗位
7		安全生产管理岗位
8	技术管理类	工程技术管理负责岗位
9		水工技术管理岗位
10		大坝安全监测管理岗位
11		机电和金属结构技术管理岗位
12		信息和自动化管理岗位
13		计划与统计岗位
14		水土资源管理岗位
15		水库调度管理岗位
16		水文预报岗位
17	财务与资产管理类	财务与资产管理负责岗位
18		财务与资产管理岗位
19		会计岗位
20		出纳岗位

序 号	岗位类别	岗 位 名 称
21	水政监察类	水政监察岗位
22	运行类	运行负责岗位
23		闸门及启闭机运行岗位
24		电气设备运行岗位
25		通信设备运行岗位
26		防汛物资保管岗位
27	观测类	大坝安全监测岗位
28		水文观测与水质监测岗位
	辅助类	

2.2 单位负责类

2.2.1 单位负责岗位

1．主要职责

(1)贯彻执行国家的有关法律、法规、方针政策及上级主管部门的决定、指令。

(2)全面负责行政、业务工作,保障工程安全,充分发挥工程效益。

(3)组织制定和实施单位的发展规划及年度工作计划,建立健全各项规章制度,不断提高管理水平。

(4)推动科技进步和管理创新,加强职工教育,提高职工队伍素质。

(5)协调处理各种关系,完成上级交办的其他工作。

2．任职条件

(1)水利类或相关专业大专毕业及以上学历。

(2)对于大型水库工程,取得相当于工程师及以上专业技术职

称任职资格,并经相应岗位培训合格;

对于中型水库工程,取得相当于助理工程师及以上专业技术职称任职资格,并经相应岗位培训合格。

(3)掌握《中华人民共和国水法》《中华人民共和国防洪法》、《水库大坝安全管理条例》等法律、法规;掌握水利工程管理的基本知识;熟悉相关技术标准;具有较强的组织协调、决策和语言表达能力。

2.2.2 技术总负责岗位

1. 主要职责

(1)贯彻执行国家的有关法律、法规和相关技术标准。

(2)全面负责技术管理工作,掌握工程运行状况,保障工程安全和效益发挥。

(3)组织制定、实施科技发展规划与年度计划。

(4)组织制订调度运用方案、工程的除险加固、更新改造和扩建建议方案;组织制定工程养护修理计划,组织或参与工程验收工作;指导防洪抢险技术工作。

(5)组织工程设施的一般事故调查处理,提出或审查有关技术报告;参与工程设施重大事故的调查处理。

(6)组织开展水利科技开发和成果的推广应用,指导职工技术培训、考核及科技档案工作。

2. 任职条件

(1)水利、土木类本科毕业及以上学历。

(2)取得工程师及以上专业技术职称任职资格,并经相应岗位培训合格。

(3)熟悉《中华人民共和国水法》《中华人民共和国防洪法》、《水库大坝安全管理条例》等法律、法规;掌握水利规划及工程设计、施工、管理等专业知识和相关技术标准;了解国内外现代化管理的科技动态;具有较强的组织协调、技术决策和语言文字表达能力。

2.2.3 财务与资产总负责岗位

1．主要职责

(1)贯彻执行国家财政、金融、经济等有关法律、法规。

(2)负责财务与资产管理工作。

(3)组织制定和执行经济发展规划和财务年度计划,建立健全财务与资产管理的各项规章制度。

(4)负责资产运营管理工作。

2．任职条件

(1)财经类大专毕业及以上学历。

(2)取得会计师或经济师及以上专业技术职称任职资格,并经相应岗位培训合格。

(3)掌握财经方面的有关法规及专业知识;熟悉水利经济活动的基本内容;具有指导财务与资产管理方面业务工作的能力。

2.3 行 政 管 理 类

2.3.1 行政事务负责与管理岗位

1．主要职责

(1)贯彻执行国家的有关法律、法规及上级部门的有关规定。

(2)组织制定各项行政管理规章制度并监督实施。

(3)负责管理行政事务、文秘、档案等工作。

(4)负责并承办行政事务、公共事务及后勤服务等工作。

(5)承办接待、会议、车辆管理、办公设施管理等工作。

(6)协调处理各种关系,完成领导交办的其他工作。

2．任职条件

(1)高中毕业及以上学历,并经相应岗位培训合格。

(2)熟悉行政管理专业知识;了解水库管理的基本知识;具有

较强的组织协调及较好的语言文字表达能力。

2.3.2 文秘与档案管理岗位

1．主要职责

(1)遵守国家有关文秘、档案方面的法律、法规及上级主管部门的有关规定。

(2)承担公文起草、文件运转等文秘工作;承担档案管理工作。

(3)承担收集信息、宣传报道,协助办理有关行政事务管理等具体工作。

2．任职条件

(1)水利或文秘、档案类中专或高中毕业及以上学历,并经相应岗位培训合格。

(2)熟悉国家的有关法律、法规和上级部门的有关规定;掌握文秘、档案管理等专业知识;具有一定政策水平和较强的语言文字表达能力。

2.3.3 人事劳动教育管理岗位

1．主要职责

(1)贯彻执行劳动、人事、社会保障等有关的法律、法规及上级主管部门的有关规定。

(2)负责并承办人事、劳动、职工岗位培训、专业技术职称和工人技术等级的申报评聘、安全生产、社会保险等管理工作。

(3)负责离退休人员的管理工作。

2．任职条件

(1)中专毕业及以上学历。

(2)取得初级及以上专业技术职称任职资格,并经相应岗位培训合格。

(3)掌握人事、劳动、教育及行政管理的基本知识;熟悉本单位的人事、劳动、教育和工程管理情况;具有较高的政策水平和较强的组织协调能力。

2.3.4 安全生产管理岗位

1．主要职责

(1)遵守国家有关安全生产的法律、法规和相关技术标准。

(2)承担安全生产管理与监督工作。

(3)承担安全生产宣传教育工作。

(4)参与制定、落实安全管理制度及技术措施。

(5)参与安全事故的调查处理及监督整改工作。

2．任职条件

(1)水利类中专毕业及以上学历。

(2)取得初级及以上专业技术职称任职资格,并经相应岗位培训合格。

(3)掌握有关安全生产的法律、法规和规章制度;有一定安全生产管理经验;具有分析和处理安全生产问题的能力。

2.4 技术管理类

2.4.1 工程技术管理负责岗位

1．主要职责

(1)贯彻执行国家有关的法律、法规及相关技术标准。

(2)负责工程技术管理,掌握工程运行状况,及时处理主要技术问题。

(3)组织编制并落实工程管理规划、年度计划及工程度汛方(预)案。

(4)组织编制和实施水库调度运用方案;负责水文预报及有关资料的整编工作。

(5)负责工程除险加固、更新改造及扩建项目立项申报的相关工作,参与项目实施中的有关管理工作。

(6)组织工程的养护修理并参与有关验收工作。

(7)负责汛前准备、汛期抢险、水毁修复等技术管理工作。

(8)参与工程设施重大隐患、事故的调查处理,进行技术分析工作。

(9)组织开展有关工程管理的科研开发和新技术的应用工作。

(10)组织技术资料收集、整编及归档工作。

2．任职条件

(1)水利、土木类本科毕业及以上学历。

(2)取得工程师及以上专业技术职称任职资格,并经相应岗位培训合格。

(3)熟悉《中华人民共和国水法》、《中华人民共和国防洪法》、《水库大坝安全管理条例》等有关法律、法规和技术标准;掌握水利工程管理的基础理论、专业知识;了解水利现代化管理的科技动态;具有较强的组织协调能力。

2.4.2 水工技术管理岗位

1．主要职责

(1)遵守国家有关工程管理方面的法规和相关技术标准。

(2)承担水工技术管理的具体工作。

(3)参与工程管理规划、养护修理年度计划的编制工作。

(4)承担工程养护修理的质量监管工作。

(5)参与工程设施一般事故调查,提出技术分析意见。

2．任职条件

(1)水利类大专毕业及以上学历。

(2)取得助理工程师及以上专业技术职称任职资格,并经相应岗位培训合格。

(3)掌握水库工程管理、运行等方面的专业知识和相关技术标准;了解水库现代化管理的知识;具有分析、解决水库工程管理技术问题的能力。

2.4.3 大坝安全监测管理岗位

1. 主要职责

(1)遵守国家有关大坝安全管理方面的法规和技术标准。

(2)承担大坝安全监测的管理工作,处理监测中出现的技术问题。

(3)承担大坝安全监测资料整编和分析工作,并提出工程运行状况报告。

(4)参与大坝安全鉴定工作。

(5)参与工程设施事故的调查处理,提出技术分析意见。

2. 任职条件

(1)水利类大专毕业及以上学历。

(2)取得助理工程师及以上专业技术职称任职资格,并经相应岗位培训合格。

(3)掌握水工建筑物设计、施工、运行和大坝安全监测的基本知识;掌握常规的水工观测设备、仪器的性能和使用方法;熟悉工程的运行情况和特点;了解国内外大坝监测技术的动态;具有分析处理监测中出现的技术问题的能力。

2.4.4 机电和金属结构技术管理岗位

1. 主要职责

(1)遵守国家有关法律、法规和相关技术标准。

(2)承担机电、金属结构等的技术管理工作,保障设备正常运行。

(3)承担机电设备、金属结构等的检查、运行、维护等技术工作,并承办资料整编和归档。

(4)参加机电设备、金属结构等的事故调查,提出技术分析意见。

2. 任职条件

(1)机械、电气类大专毕业及以上学历。

(2)取得助理工程师及以上专业技术职称任职资格,并经相应岗位培训合格。

(3)掌握机械、电气、金属结构专业的基本知识;熟悉机械、电气设备及金属结构的性能;具有分析处理机械、电气设备常见故障的能力。

2.4.5 信息和自动化管理岗位

1. 主要职责

(1)遵守国家有关信息和自动化管理方面的法律、法规和相关技术标准。

(2)承担通信(预警)系统、闸门启闭机集中控制系统、自动化观测系统、防汛决策支持系统及办公自动化系统等管理工作。

(3)处理设备运行、维护中的技术问题。

(4)参与工程信息和自动化系统的技术改造工作。

2. 任职条件

(1)通信或计算机类大专毕业及以上学历。

(2)取得助理工程师及以上专业技术职称任职资格,并经相应岗位培训合格。

(3)熟悉通信、网络、信息技术等基本知识;了解水利工程管理、运行等方面的有关知识;了解国内外信息和自动化技术的发展动态;具有处理信息和自动化方面一般技术问题的能力。

2.4.6 计划与统计岗位

1. 主要职责

(1)遵守国家有关计划与统计方面的法律、法规及上级主管部门的有关规定。

(2)承担计划与统计具体业务工作。

(3)参与编制工程管理的中长期规划及年度计划。

(4)承担相关的合同管理工作。

(5)参与工程预(决)算及竣工验收相关工作。

2. 任职条件

(1)水利类或统计专业大专毕业及以上学历。

(2)取得助理工程师及以上专业技术职称任职资格,并经相应岗位培训合格。

（3）掌握国家有关的法律、法规和规定；熟悉工程规划、设计、施工及运行管理的基本知识；具有计划、统计及合同管理等方面的工作能力。

2.4.7　水土资源管理岗位

1．主要职责

（1）遵守国家有关法律、法规及上级主管部门的有关规定。

（2）编制工程管理范围内的水、土、林木、渔业等资源管理保护、开发利用的规划和计划，并组织实施。

（3）参与工程管理范围内水土保持措施的检查、监督工作。

2．任职条件

（1）水利、农林类相关专业中专毕业及以上学历。

（2）取得初级及以上专业技术职称任职资格，并经相应岗位培训合格。

（3）掌握水土资源管理相关知识；熟悉林草种植和病虫害防治的技术知识；了解水库养殖方面的基本知识；具有一定的组织协调能力。

2.4.8　水库调度管理岗位

1．主要职责

（1）遵守国家有关水库调度、供水方面的法律、法规和上级有关规定、指令。

（2）参与编制水库调度运用方案。

（3）按规定实施水库调度，并传递有关调度信息；整编水库调度资料，编写技术总结。

（4）制定供水管理、水费计收办法等规章制度。

（5）承办供水计量、水费计收管理的日常工作，结合调度指令适时供水。

2．任职条件

（1）水利类大专毕业及以上学历。

（2）取得助理工程师及以上专业技术职称任职资格,并经相应岗位培训合格。

（3）掌握水库管理、调度等方面的有关法规和技术标准;熟悉水库工程管理、水利经济、调度和运用方面的专业知识;具有处理水库调度运用技术问题的能力。

2.4.9 水文预报岗位

1.主要职责

（1）遵守国家有关水文预报的法律、法规和相关技术标准。

（2）承担水文和气象观测资料的收集、整理、分析工作,编制水文预报方案。

（3）及时掌握雨情、水情及天气形势,做出实时预报。

（4）参与编制水库调度运用方案。

2.任职条件

（1）水文专业大专毕业及以上学历。

（2）取得助理工程师及以上专业技术职称任职资格,并经相应岗位培训合格。

（3）掌握水文预报方面的有关技术标准;熟悉水文、气象及调度等方面的专业知识。

2.5 财务与资产管理类

2.5.1 财务与资产管理负责岗位

1.主要职责

（1）贯彻执行国家有关财务、会计、经济和资产管理方面的法律、法规和有关规定。

（2）负责财务和资产管理工作。

（3）建立健全财务和资产管理的规章制度,并负责组织实施、检查和监督。

（4）组织编制财务收支计划和年度预算并组织实施;负责编制年度决算报告。

（5）负责有关投资和资产运营管理工作。

2. 任职条件

（1）财经类大专毕业及以上学历。

（2）取得经济师或会计师及以上专业技术职称任职资格,并经相应岗位培训合格。

（3）掌握财会、金融、工商、税务和投资等方面的基本知识;了解水库工程管理的基本知识;了解现代化管理的基本知识;具有较高的政策水平和较强的组织协调能力。

2.5.2 财务与资产管理岗位

1. 主要职责

（1）遵守国家有关财务、会计、经济和资产管理方面的法律、法规和有关规定。

（2）承办财务和资产管理的具体工作。

（3）参与编制财务收支计划和年度预算与决算报告。

（4）承担防汛物资的管理工作。

（5）参与有关投资和资产运营管理工作。

2. 任职条件

（1）经济类中专毕业及以上学历。

（2）取得初级及以上专业技术职称任职资格,并经相应岗位培训合格。

（3）掌握财会和资产管理的基本知识;了解工商、税务、物价等方面的规定;具有一定的组织协调能力。

2.5.3 会计岗位

1. 主要职责

（1）遵守《中华人民共和国会计法》等法律、法规,执行《水利工程管理单位财务制度》和《水利工程管理单位会计制度》。

(2)承担会计业务工作,进行会计核算和会计监督,保证会计凭证、账簿、报表及其他会计资料的真实、准确、完整。

(3)建立健全会计核算和相关管理制度,保证会计工作依法进行。

(4)参与编制财务收支计划和年度预算与决算报告,承担会计档案保管及归档工作。

(5)编制会计报表。

2.任职条件

(1)财会类中专毕业及以上学历。

(2)取得助理会计师及以上专业技术职称任职资格,并经相应岗位培训合格,持证上岗。

(3)熟悉财务、会计、金融、工商、税务、物价等方面的基本知识;了解水库工程管理的基本知识;能解决会计工作中的实际问题。

2.5.4 出纳岗位

1.主要职责

(1)遵守《中华人民共和国会计法》等法律、法规,执行《水利工程管理单位财务制度》和《水利工程管理单位会计制度》。

(2)根据审核签章的记账凭证,办理现金、银行存款的收付结算业务。

(3)及时登记现金、银行日记账,做到日清月结,账实相符。

(4)管理支票、库存现金及有价证券。

(5)参与编制财务收支计划和年度预算与决算报告。

2.任职条件

(1)财会类中专毕业及以上学历。

(2)取得会计员及以上专业技术职称任职资格,并经相应岗位培训合格,持证上岗。

(3)了解财务、会计、金融、工商、税务、物价等方面的基本知识;了解水库工程管理的基本情况;坚持原则,工作认真细致。

2.6 水政监察类

2.6.1 水政监察岗位

1. 主要职责

(1)宣传贯彻《中华人民共和国水法》、《中华人民共和国水土保持法》、《中华人民共和国防洪法》、《中华人民共和国水污染防治法》等法律法规。

(2)负责并承担管理范围内水资源、水域、生态环境及水利工程或设施等的保护工作。

(3)负责对水事活动进行监督检查,维护正常的水事秩序,对公民、法人或其他组织违反法律法规的行为实施行政处罚或采取其他行政措施。

(4)配合公安和司法部门查处水事治安和刑事案件。

(5)受水行政主管部门委托,负责办理行政许可和征收行政事业性规费等有关事宜。

2. 任职条件

(1)高中毕业及以上学历,并经相应岗位培训合格。

(2)掌握国家有关法律、法规;了解水利专业知识;具有协调、处理水事纠纷的能力。

2.7 运行类

2.7.1 运行负责岗位

1. 主要职责

(1)按照操作规程和有关规定,组织实施运行作业。

(2)负责指导、检查、监督运行作业,保证工作质量和操作安全,发现问题及时处理。

(3)负责运行工作原始记录的检查、复核工作。

2．任职条件

(1)水利、机械、电气类中专或技校毕业及以上学历。

(2)取得初级及以上专业技术职称任职资格或高级工以上技术等级资格,并经相应岗位培训合格,持证上岗。

(3)熟悉相关专业的基本知识;能按操作规程组织运行作业,能处理运行中的常见故障;具有较强的组织协调能力。

2.7.2　闸门及启闭机运行岗位

1．主要职责

(1)遵守规章制度和操作规程。

(2)严格按调度指令进行闸门启闭作业。

(3)承担闸门及启闭机的日常维护工作,及时处理常见故障并报告。

(4)填报运行值班记录。

2．任职条件

(1)技校(机械类专业)毕业及以上学历。

(2)取得中级工及以上技术等级资格,并经相应岗位培训合格,持证上岗。

(3)掌握闸门启闭机的基本性能和操作技能;了解闸门安装、调试的有关知识;具有处理运行中常见故障的能力。

2.7.3　电气设备运行岗位

1．主要职责

(1)遵守规章制度和操作规程。

(2)承担各种电气设备的运行操作。

(3)承担电气设备及其线路日常检查及维护,及时处理常见故障。

(4)填报运行值班记录。

2．任职条件

(1)技校(机械、电气类专业)毕业及以上学历。

(2)取得中级工及以上技术等级资格,并经相应岗位培训合格,持证上岗。

(3)掌握电工基础知识和电气设备操作技能;熟悉电气设备的安装、调试及维护的基本知识;具有及时处理常见故障的能力。

2.7.4 通信设备运行岗位

1．主要职责

(1)遵守规章制度和操作规程。

(2)承担通信设备运行工作。

(3)巡查设备运行情况,及时处理常见故障。

(4)填报运行值班记录。

2．任职条件

(1)技校(通信类专业)或高中毕业及以上学历。

(2)取得中级工及以上技术等级资格,并经相应岗位培训合格,持证上岗。

(3)掌握通信设备的工作原理和操作技能;具有处理常见故障的能力。

2.7.5 防汛物资保管岗位

1．主要职责

(1)遵守规章制度和有关规定。

(2)承担防汛物资的保管工作。

(3)定期检查所存物料、设备,保证其安全和完好。

(4)及时报告防汛物料及设备的储存和管理情况。

2．任职条件

(1)技校(相关专业)或高中毕业及以上学历。

(2)取得初级工及以上技术等级资格,并经相应岗位培训合格。

(3)熟悉防汛物资和器材的保管、保养方法;能正确使用消防、防盗器材。

2.8 观测类

2.8.1 大坝安全监测岗位

1.主要职责

(1)遵守规章制度和相关技术标准。

(2)承担水工建筑物的检查和观测工作。

(3)填写、保存原始记录;进行资料整理工作。

(4)承担监测设备、设施的日常检查与维护工作。

2.任职条件

(1)技校(水利类专业)毕业及以上学历。

(2)取得初级及以上专业技术职称任职资格,并经相应岗位培训合格,持证上岗。

(3)掌握观测设备、仪器的性能及其日常保养方法;了解水工建筑物及大坝监测的基本知识;具有处理观测中常见问题的能力。

2.8.2 水文观测与水质监测岗位

1.主要职责

(1)遵守规章制度和相关技术标准。

(2)承担工程水文观测与水质监测工作。

(3)填写、保存原始记录;进行资料整理,参与资料整编。

(4)承担水文观测仪器和水文自动化设备的日常检查与维护工作。

(5)参与水污染监测与防治的调查工作。

2.任职条件

(1)中专或高中毕业及以上学历。

(2)取得中级工及以上技术等级资格,并经相应岗位培训合格,持证上岗。

（3)掌握水文观测设备、仪器的性能及其使用和维护方法;了解工程水文观测与水质监测的基本知识;熟悉水质监测技术标准;了解水环境、水污染防治基本知识;具有处理常见故障的能力。

3 大中型水库工程管理单位岗位定员

3.1 定员级别

3.1.1 大中型水库工程定员级别按表 3.1.1 的规定确定。

表 3.1.1　大中型水库工程定员级别

定员级别	水库库容($10^8 m^3$)
1	≥10
2	<10 ≥5
3	<5 ≥1
4	<1 ≥0.1

3.2 岗位定员

3.2.1 岗位定员总和(Z)按下式计算:

$$Z = G + S + F \qquad (3.2.1)$$

式中　Z——岗位定员总和(人);

　　　G——单位负责、行政管理、技术管理、财务与资产管理及水政监察类岗位定员之和(人);

　　　S——运行、观测类岗位定员之和(人);

　　　F——辅助类岗位定员(人)。

3.2.2 单位负责、行政管理、技术管理、财务与资产管理及水政监察类岗位定员之和(G)按下式计算：

$$G = \sum_{i=1}^{21} G_i \qquad (3.2.2)$$

式中 G_i——单位负责、行政管理、技术管理、财务与资产管理及水政监察类各岗位定员（人），按表 3.2.2 的规定确定。

表 3.2.2　单位负责、行政管理、技术管理、财务与资产
管理及水政监察类各岗位定员　（单位：人）

岗位类别	岗位名称	G_i	定员级别			
			1	2	3	4
单位负责类	单位负责岗位	G_1	4~5	3~4	2~3	0.5~2
	技术总负责岗位	G_2				
	财务与资产总负责岗位	G_3				
行政管理类	行政事务负责与管理岗位	G_4	4~6	3~4	2~3	0.5~2
	文秘与档案管理岗位	G_5				
	人事劳动教育管理岗位	G_6	3~5	2~3	1~2	0.5~1
	安全生产管理岗位	G_7				
技术管理类	工程技术管理负责岗位	G_8	14~25	8~14	4~8	2~4
	水工技术管理岗位	G_9				
	大坝安全监测管理岗位	G_{10}				
	机电和金属结构技术管理岗位	G_{11}				
	信息和自动化管理岗位	G_{12}				
	计划与统计岗位	G_{13}				
	水土资源管理岗位	G_{14}				
	水库调度管理岗位	G_{15}	8~15	5~8	3~5	1.5~3
	水文预报岗位	G_{16}				
财务与资产管理类	财务与资产管理负责岗位	G_{17}	5~7	4~5	2~4	1~2
	财务与资产管理岗位	G_{18}				
	会计岗位	G_{19}				
	出纳岗位	G_{20}				
水政监察类	水政监察岗位	G_{21}	6~9	5~6	3~5	1~3

3.2.3 运行、观测类岗位定员之和(S)按下式计算:

$$S = \sum_{i=1}^{7} S_i \qquad (3.2.3)$$

式中　S_i——运行、观测类各岗位定员(人)。

3.2.4 运行负责岗位定员(S_1)按表 3.2.4 的规定确定。

表 3.2.4　运行负责岗位定员　　　　（单位:人）

定员级别	1	2	3	4
S_1	1~2	0.5~1	0.5~1	0.5

3.2.5 闸门及启闭机运行岗位定员(S_2)与电气设备运行岗位定员(S_3)之和按下式计算:

$$S_2 + S_3 = C_2 J_2 + C_3 J_3 \qquad (3.2.5)$$

式中　J_2——闸门及启闭机运行岗位定员基数,2 人;

　　　J_3——电气设备运行岗位定员基数,2 人;

　　　C_2——孔口流量影响系数,按表 3.2.5-1 的规定确定;

　　　C_3——电气设备影响系数,按表 3.2.5-2 的规定确定。

表 3.2.5-1　孔口流量影响系数

孔口流量 (m^3/s)	>100 <500	≥500 <1000	≥1000 <5000	≥5000 <10000	≥10000
C_2	0.5~1	1~1.5	1.5~2.0	2.0~2.5	2.5~3

注:①有两个以上泄洪、输水建筑物,应按全部流量确定 C_2;

　　②水库的泄洪、输水建筑物很分散或汛期需要两个泄洪建筑物同时运行的,C_2 应提高一档;

　　③有闸门遥控自动启闭设施的,C_2 降低一档;采用手动启闭的,C_2 增大 50%;

　　④孔口流量以设计流量计。

表 3.2.5-2 电气设备影响系数

T	<40	$40\leqslant T<80$	$\geqslant80$
C_3	$T/20$	$1+T/40$	3

注:T 为操作设备、电梯、发电机、变压器、水泵等电气设备台(套)数之和。

有廊道排水任务的水库,闸门及启闭机运行与电气设备运行岗位定员之和应增加 1~2 人。

3.2.6 通信设备运行岗位定员(S_4)按表 3.2.6 的规定确定。

有多类通信设备的,各类通信设备运行岗位分别定员并相加。

表 3.2.6 各类通信设备运行岗位定员 （单位:人）

设备类别	程控交换设备	人工交换设备	网络设备	微波设备
S_4	1	3	1	1

3.2.7 防汛物资保管岗位定员(S_5)按表 3.2.7 的规定确定。

表 3.2.7 防汛物资保管岗位定员 （单位:人）

定员级别	1	2	3	4
S_5	2~4	1~2	1	0.5~1

3.2.8 大坝安全监测岗位定员(S_6)按下式计算:

$$S_6 = C_6 J_6 + J_6{}'(D_6/100 + D_6{}'/10) \qquad (3.2.8)$$

式中 J_6——自动化监测运行岗位定员基数,1 人;

$J_6{}'$——人工观测运行岗位定员基数,3 人;

C_6——监测点数影响系数,按表 3.2.8 的规定确定;

D_6——人工观测点数,取值方法为全部位移测点加上其他各测点数之和的 1/2;

$D_6{}'$——库区淤积观测断面数。

表 3.2.8　监测点数影响系数

DG	<100	$100 \leqslant DG < 200$	$\geqslant 200$
C_6	$DG/80$	$1 + DG/400$	$1.1 + DG/500$

注:DG 为自动化监测布设测点数。

3.2.9 水文观测与水质监测岗位定员(S_7)按下式计算:

$$S_7 = A + B + C \qquad (3.2.9\text{-}1)$$

式中　A——常规水文观测的岗位定员(人);

　　　B——水文遥测的岗位定员(人);

　　　C——水质监测的岗位定员(人)。

1. 常规水文观测岗位定员(A)按表 3.2.9-1 的规定确定。

表 3.2.9-1　常规水文观测岗位定员　　　　(单位:人)

定员级别	1	2	3	4
A	3	2	1	0.5

注:有水文自动测报设施的,A 降低一档。

2. 水文遥测岗位定员(B)按下式计算:

$$B = C_7 J_7 \qquad (3.2.9\text{-}2)$$

式中　J_7——水文遥测岗位定员基数,1 人;

　　　C_7——遥测站点影响系数,按表 3.2.9-2 的规定确定。

表 3.2.9-2　遥测站点影响系数

TG_2	<3	3~9	10~19	20~29	$\geqslant 30$
C_7	1	1.2	1.5	2	2.5

注:表中 TG_2 为遥测站数(个),水库水文遥测网中各发射站、中继站、中心站等站点数之和。

3. 水质监测岗位定员(C)按表 3.2.9-3 的规定确定。

表 3.2.9-3 水质监测岗位定员 （单位：人）

定员级别	1	2	3	4
C	1	1~0.5	0.5	0.5

注：无水质监测任务的，取 0。

3.2.10 辅助类岗位定员（F）按下式计算：

$$F = q(G + S) \tag{3.2.10}$$

式中 q——辅助类岗位定员比例系数，取 0.10~0.15。

4 小型水库工程管理单位岗位设置

4.1 岗位类别及名称

4.1.1 小型水库工程管理单位的岗位类别及名称见表 4.1.1。

表 4.1.1 小型水库工程管理单位岗位类别及名称

序 号	岗 位 类 别	岗 位 名 称
1	单位负责类	单位负责岗位
2	技术管理类	工程技术管理岗位
3	财务与资产管理类	财务与资产管理岗位
4	运行维护类	工程运行与维护岗位
5	辅助类	

4.2 单位负责类

4.2.1 单位负责岗位

1. 主要职责

（1）贯彻执行国家的有关法律、法规、方针政策及上级主管部门的决定、指令。

（2）全面负责各项管理工作,保障工程安全和发挥工程效益。

（3）建立健全各项规章制度;制定和实施年度工作计划。

（4）负责工程管理范围内水土资源的开发利用和保护工作。

（5）加强职工教育,提高职工素质,不断提高管理水平。

(6)负责处理日常事务,协调各种关系,完成上级交办的工作。

2.任职条件

(1)水利、土木类中专或高中毕业及以上学历。

(2)取得初级及以上专业技术职称任职资格或从事水利工作3年以上,并经相应岗位培训合格。

(3)熟悉国家有关法律、法规;掌握水利工程管理的基本知识;了解相关技术标准;具有较强的组织、协调和语言文字表达能力。

4.3　技术管理类

4.3.1　工程技术管理岗位

1.主要职责

(1)负责工程管理的技术工作。

(2)负责大坝监测、水文观测和设施设备的维护保养。

(3)负责工程巡查及记录工作,发现异常情况及时报告。

(4)组织工程的养护修理并参与有关验收工作。

(5)负责工程技术资料的收集、整编、保管等管理工作。

(6)对水库安全度汛、水毁修复、工程改扩建及除险加固等提出建议。

(7)参与工程设施事故的调查处理,提出有关技术报告。

2.任职条件

(1)水利、土木类中专或高中毕业及以上学历。

(2)取得初级及以上专业技术职称任职资格或从事水利工作3年以上,并经相应岗位培训合格。

(3)掌握水库工程管理、运行等方面的专业知识;熟悉水库工程管理的法规和技术标准;具有分析解决水库工程管理中常见技术问题的能力。

4.4 财务与资产管理类

4.4.1 财务与资产管理岗位

1. 主要职责

(1)贯彻执行国家有关资产和财务管理方面的法律、法规和有关规定。

(2)负责工程设施、土地房产、设备、物资等资产的管理。

(3)负责财务和水费计收工作,参与资产运营管理。

2. 任职条件

(1)经济类中专或高中毕业及以上学历。

(2)取得相应岗位的初级及以上专业职称任职资格,并经相应岗位培训合格,持证上岗。

(3)掌握国家有关法律、法规及相关规定;了解水库工程管理工作的主要内容。

4.5 运行维护类

4.5.1 工程运行与维护岗位

1. 主要职责

(1)遵守规章制度和操作规程。

(2)按指令进行闸门启闭作业。

(3)负责闸门和启闭机的维护保养工作。

(4)负责水工建筑物的日常维护,参加工程的巡查。

(5)负责电气和通信设备的运行和日常维护。

(6)负责有害蚁兽的防治。

(7)填报水工建筑物巡查、维护及闸门启闭机运行记录并归档。

2．任职条件

(1)初中毕业及以上学历。

(2)取得初级工及以上技术等级资格,并经相应岗位培训合格。

(3)掌握闸门启闭机的操作及维护技能;了解水工建筑物的养护修理规程和有关质量标准;了解有害蚁兽防治基本知识;具有发现、处理运行中的常见故障的能力;具有水工建筑物养护修理的操作能力。

5 小型水库工程管理单位岗位定员

5.1 定员级别

5.1.1 小型水库工程定员级别按表5.1.1的规定确定。

表5.1.1 小型水库工程定员级别

定员级别	水库库容(10^8m^3)
5	＜0.1
	≥0.01
6	＜0.01
	≥0.001

注:小型水库定员级别是大中型水库定员级别的延续。

5.2 岗位定员

5.2.1 岗位定员总和(Z)按下式计算:

$$Z = G + S + F \qquad (5.2.1)$$

式中 Z——岗位定员总和(人);

G——单位负责、技术管理及财务与资产管理类岗位定员之和(人);

S——运行维护类岗位定员(人);

F——辅助类岗位定员(人)。

5.2.2 单位负责、技术管理及财务与资产管理类岗位定员之和(G)按下式计算:

$$G = \sum_{i=1}^{3} G_i \qquad (5.2.2)$$

式中 G_i——单位负责、技术管理及财务与资产管理类岗位定员（人），按表5.2.2规定确定。

表5.2.2 单位负责、技术管理及财务与资产管理类各岗位定员

（单位：人）

岗位类别	岗位名称	G_i	定员级别	
			5	6
单位负责类	单位负责岗位	G_1	1~2	
技术管理类	工程技术管理岗位	G_2	1~2	2~4
财务与资产管理类	财务与资产管理岗位	G_3	1~2	

5.2.3 运行维护类岗位定员（S）按表5.2.3规定确定。

表5.2.3 工程运行与维护岗位定员（单位：人）

岗位类别	岗位名称	代号	定员级别	
			5	6
运行维护类	工程运行与维护岗位	S	1~6	2~4

5.2.4 辅助类岗位定员（F）按下式计算：

$$F = q\,(G + S) \qquad (5.2.4)$$

式中 q——辅助类岗位定员比例系数，取0.2~0.3。

6 大中型水闸工程管理单位岗位设置

6.1 岗位类别及名称

6.1.1 大中型水闸工程管理单位的岗位类别及名称见表6.1.1。

表6.1.1 大中型水闸工程管理单位岗位类别及名称

序号	岗位类别	岗 位 名 称
1	单位负责类	单位负责岗位
2		技术总负责岗位
3	行政管理类	行政事务负责与管理岗位
4		文秘与档案管理岗位
5		人事劳动教育管理岗位
6		安全生产管理岗位
7	技术管理类	工程技术管理负责岗位
8		水工技术管理岗位
9		机电和金属结构技术管理岗位
10		信息和自动化管理岗位
11		计划与统计岗位
12		水土资源管理岗位
13		调度管理岗位
14	财务与资产管理类	财务与资产管理负责岗位
15		财务与资产管理岗位
16		会计岗位
17		出纳岗位
18	水政监察类	水政监察岗位
19	运行类	运行负责岗位
20		闸门及启闭机运行岗位
21		电气设备运行岗位
22		通信设备运行岗位
23	观测类	水工观测岗位
24		水文观测与水质监测岗位
	辅助类	

6.2 单位负责类

6.2.1 单位负责岗位

1. 主要职责

(1)贯彻执行国家的有关法律、法规、方针政策及上级主管部门的决定、指令。

(2)全面负责行政、业务工作,保障工程安全,充分发挥工程效益。

(3)组织制定和实施单位的发展规划及年度工作计划,建立健全各项规章制度,不断提高管理水平。

(4)推动科技进步和管理创新,加强职工教育,提高职工队伍素质。

(5)协调处理各种关系,完成上级交办的其他工作。

2. 任职条件

(1)水利类或相关专业大专毕业及以上学历。

(2)取得相当于助理工程师及以上专业技术职称任职资格,并经相应岗位培训合格。

(3)掌握《中华人民共和国水法》、《中华人民共和国防洪法》等法律、法规;掌握水利工程管理的基本知识;熟悉有关水闸的技术标准;具有较强的组织协调、决策和语言表达能力。

6.2.2 技术总负责岗位

1. 主要职责

(1)贯彻执行国家的法律、法规和相关技术标准。

(2)全面负责技术管理工作,掌握工程运行状况,保障工程安全和效益发挥。

(3)组织制定、实施科技发展规划与年度计划。

(4)组织制订水闸工程调度运用方案、工程的除险加固、更新改造和扩建建议方案;组织制定工程养护修理计划,组织或参与工程验收工作;指导防洪抢险技术工作。

(5)组织工程设施的一般事故调查处理,提出或审查有关技术报告;参与工程设施重大事故的调查处理。

(6)组织开展水利科技开发和成果的推广应用,指导职工技术培训、考核及科技档案工作。

2.任职条件

(1)水利、土木类本科毕业及以上学历。

(2)取得工程师及以上专业技术职称任职资格,并经相应岗位培训合格。

(3)熟悉《中华人民共和国水法》、《中华人民共和国防洪法》等法律、法规;掌握水利规划及工程设计、施工、管理等专业知识和有关水闸的技术标准;了解国内外现代化管理的科技动态;具有较强的组织协调、技术决策和语言文字表达能力。

6.3 行政管理类

6.3.1 行政事务负责与管理岗位

1.主要职责

(1)贯彻执行国家的有关法律、法规及上级部门的有关规定。

(2)组织制定各项行政管理规章制度并监督实施。

(3)负责管理行政事务、文秘、档案等工作。

(4)负责并承办行政事务、公共事务及后勤服务等工作。

(5)承办接待、会议、车辆管理、办公设施管理等工作。

(6)协调处理各种关系,完成领导交办的其他工作。

2.任职条件

(1)高中毕业及以上学历,并经相应岗位培训合格。

(2)熟悉行政管理专业知识;了解水闸管理的基本知识;具有

较强的组织协调及较好的语言文字表达能力。

6.3.2 文秘与档案管理岗位

1. 主要职责

(1)遵守国家有关文秘、档案方面的法律、法规及上级主管部门的有关规定。

(2)承担公文起草、文件运转等文秘工作;承担档案管理工作。

(3)承担收集信息、宣传报道,协助办理有关行政事务管理等具体工作。

2. 任职条件

(1)水利或文秘、档案类中专或高中毕业及以上学历,并经相应岗位培训合格。

(2)熟悉国家的有关法律、法规和上级部门的有关规定;掌握文秘、档案管理等专业知识;具有一定政策水平和较强的语言文字表达能力。

6.3.3 人事劳动教育管理岗位

1. 主要职责

(1)遵守劳动、人事、社会保障等有关的法律、法规及上级主管部门的有关规定。

(2)承办人事、劳动、教育和社会保险等管理工作。

(3)承办职工岗位培训,专业技术职称和工人技术等级的申报、评聘等具体工作。

(4)承办离退休人员管理工作。

2. 任职条件

(1)中专毕业及以上学历。

(2)取得初级及以上专业技术职称任职资格,并经相应岗位培训合格。

(3)掌握有关人事、劳动及教育管理基本知识;能处理人事、劳动、教育有关业务问题;具有一定的政策水平和组织协调能力。

6.3.4 安全生产管理岗位

1．主要职责

(1)遵守国家有关安全生产的法律、法规和相关技术标准。

(2)承担本单位及所属工程的安全生产管理与监督工作。

(3)承担安全生产宣传教育工作。

(4)参与制定、落实安全管理制度及技术措施。

(5)参与安全事故的调查处理及监督整改工作。

2．任职条件

(1)水利类中专毕业及以上学历。

(2)取得初级及以上专业技术职称任职资格,并经相应岗位培训合格。

(3)掌握有关安全生产的法律、法规和规章制度;有一定安全生产管理经验;具有分析和协助处理安全生产问题的能力。

6.4 技术管理类

6.4.1 工程技术管理负责岗位

1．主要职责

(1)贯彻执行国家有关法律、法规和相关技术标准。

(2)负责工程技术管理,掌握工程运行状况,及时处理主要技术问题。

(3)组织编制并落实工程管理规划、年度计划及度汛方(预)案。

(4)负责工程的养护修理工作,并参与工程验收。

(5)负责水闸工程的检查观测、调度运行技术工作。

(6)负责工程除险加固、更新改造及扩建项目立项申报的相关工作,参与工程实施中的有关管理工作。

(7)组织技术资料收集、整编及归档工作。

(8)组织开展有关工程管理的科研开发和新技术的应用工作。

2.任职条件

(1)水利类大专毕业及以上学历。

(2)取得工程师及以上专业技术职称任职资格,并经相应岗位培训合格。

(3)掌握水闸工程设计、施工、管理等方面的专业知识;熟悉水闸管理的技术标准;了解水闸管理现代化的知识;具有较强的组织协调能力。

6.4.2　水工技术管理岗位

1.主要职责

(1)遵守国家有关工程管理方面的法律、法规和相关技术标准。

(2)承担水工技术管理的具体工作。

(3)承担水工建筑物检查、观测、运行的技术工作及养护修理的质量监管工作。

(4)参与安全鉴定工作。

(5)承担水工、水文观测和水质监测等资料整编、分析及归档工作。

2.任职条件

(1)水利类中专毕业及以上学历。

(2)取得初级及以上专业技术职称任职资格,并经相应岗位培训合格。

(3)熟悉水闸工程设计、施工、管理等方面的专业知识;具有解决一般性技术问题的能力。

6.4.3　机电和金属结构技术管理岗位

1.主要职责

(1)遵守国家有关机械、电气及金属结构方面的法律、法规和相关技术标准。

(2)承担机电、金属结构的技术管理工作,保障设备安全正常运行。

(3)承担机电设备、金属结构的检查、运行、维护等技术工作，承办资料整编和归档。

(4)参与机电、金属结构事故调查，提出技术分析意见。

2．任职条件

(1)机械电气类大专毕业及以上学历。

(2)取得助理工程师及以上专业技术职称任职资格，并经相应岗位培训合格。

(3)掌握机械、电气及金属结构专业的基本知识;熟悉机械、电气设备的性能;具有分析处理机械、电气设备常见故障的能力。

6.4.4　信息和自动化管理岗位

1．主要职责

(1)遵守国家有关信息和自动化管理方面的法律、法规和相关技术标准。

(2)承担通信(预警)系统、闸门启闭机集中控制系统、自动化观测系统、防汛决策支持系统及办公自动化系统等管理工作。

(3)处理设备运行、维护中的技术问题。

(4)参与工程信息和自动化系统的技术改造工作。

2．任职条件

(1)通信或计算机类大专毕业及以上学历。

(2)取得助理工程师及以上专业技术职称任职资格，并经相应岗位培训合格。

(3)熟悉通信、网络、信息技术等基本知识;了解水利工程管理、运行等方面的有关知识;了解国内外信息和自动化技术的发展动态;具有处理信息和自动化方面一般技术问题的能力。

6.4.5　计划与统计岗位

1．主要职责

(1)遵守国家有关计划与统计方面的法律、法规及上级主管部门的有关规定。

(2)承担计划与统计的具体业务工作。

(3)参与编制工程管理的中长期规划。

(4)承担相关的合同管理工作。

(5)参与工程预(决)算及竣工验收工作。

2．任职条件

(1)水利类或统计专业大专毕业及以上学历。

(2)取得助理工程师及以上专业技术职称任职资格,并经相应岗位培训合格。

(3)掌握国家有关的法律、法规和规定;熟悉工程规划、设计、施工及运行管理的基本知识;具有计划、统计及合同管理等方面的工作能力。

6.4.6　水土资源管理岗位

1．主要职责

(1)遵守国家有关法律、法规及上级主管部门的有关规定。

(2)编制工程管理范围内的水、土、林木等资源管理保护、开发利用的规划和计划,并组织实施。

(3)参与工程管理范围内水土保持措施的检查、监督工作。

2．任职条件

(1)水利、农林类相关专业中专毕业及以上学历。

(2)取得初级及以上专业技术职称任职资格,并经相应岗位培训合格。

(3)掌握水土资源管理相关知识;熟悉林草种植和病虫害防治的技术知识;具有一定的组织协调能力。

6.4.7　调度管理岗位

1．主要职责

(1)遵守国家有关法律、法规和相关技术标准、上级指令和规定。

(2)按规定实施水闸防汛、防潮及供排水调度,传递有关调度信息。

(3)参与编制年度或阶段水闸控制运用计划及防洪调度运用方案。

2．任职条件

(1)水利类大专毕业及以上学历。

(2)取得助理工程师及以上专业技术职称任职资格,并经相应岗位培训合格。

(3)熟悉水闸工程管理的技术标准和水工、水文、机电等方面的基本知识;能够指导运行人员完成调度运用任务。

6.5　财务与资产管理类

6.5.1　财务与资产管理负责岗位

1．主要职责

(1)贯彻执行国家有关财务、会计、经济和资产管理方面的法律、法规和有关规定。

(2)负责财务和资产管理工作。

(3)建立健全财务和资产管理的规章制度,并负责组织实施、检查和监督。

(4)组织编制财务收支计划和年度预算并组织实施;负责编制年度决算报告。

(5)负责有关投资和资产运营管理工作。

2．任职条件

(1)财经类大专毕业及以上学历。

(2)取得经济师或会计师及以上专业技术职称任职资格,并经相应岗位培训合格。

(3)掌握财会、金融、工商、税务和投资等方面的基本知识;了解水闸工程管理的基本知识；了解水闸工程管理和现代化管理的基本知识；有较高的政策水平和较强的组织协调能力。

6.5.2 财务与资产管理岗位

1. 主要职责

(1)遵守国家有关财务、会计、经济和资产管理方面的法律、法规和有关规定。

(2)承办财务和资产管理的具体工作。

(3)参与编制财务收支计划和年度预算与决算报告。

(4)承担防汛物资的管理工作。

(5)参与有关投资和资产运营管理工作。

2. 任职条件

(1)经济类中专毕业及以上学历。

(2)取得初级及以上专业技术职称任职资格，并经相应岗位培训合格。

(3)掌握财会和资产管理的基本知识；了解工商、税务、物价等方面的规定；具有一定的组织协调能力。

6.5.3 会计岗位

1. 主要职责

(1)遵守《中华人民共和国会计法》等法律、法规，执行《水利工程管理单位财务制度》和《水利工程管理单位会计制度》。

(2)承担会计业务工作，进行会计核算和会计监督，保证会计凭证、账簿、报表及其他会计资料的真实、准确、完整。

(3)建立健全会计核算和相关管理制度，保证会计工作依法进行。

(4)参与编制财务收支计划和年度预算与决算报告，承担会计档案保管及归档工作。

(5)负责编制会计报表。

2. 任职条件

(1)财会类中专毕业及以上学历。

(2)取得助理会计师及以上专业技术职称任职资格,并经相应岗位培训合格,持证上岗。

(3)熟悉财务、会计、金融、工商、税务、物价等方面的基本知识;了解水闸工程管理的基本知识;能解决会计工作中的实际问题。

6.5.4 出纳岗位

1．主要职责

(1)遵守《中华人民共和国会计法》、《水利工程管理单位财务制度》和《水利工程管理单位会计制度》等法律、法规。

(2)根据审核签章的记账凭证,办理现金、银行存款的收付结算业务。

(3)及时登记现金、银行日记账,做到日清月结,账实相符。

(4)管理支票、库存现金及有价证券。

(5)参与编制财务收支计划和年度预算与决算报告。

2．任职条件

(1)财会类中专毕业及以上学历。

(2)取得会计员及以上专业技术职称任职资格,并经相应岗位培训合格,持证上岗。

(3)了解财务、会计、金融、工商、税务、物价等方面的基本知识;了解水闸工程管理的基本情况;坚持原则,工作认真细致。

6.6 水政监察类

6.6.1 水政监察岗位

1．主要职责

(1)宣传贯彻《中华人民共和国水法》、《中华人民共和国水土保持法》、《中华人民共和国防洪法》、《中华人民共和国水污染防治法》等法律法规。

(2)负责并承担管理范围内水资源、水域、生态环境及水利工程或设施等的保护工作。

(3)负责对水事活动进行监督检查,维护正常的水事秩序,对公民、法人或其他组织违反法律法规的行为实施行政处罚或采取其他行政措施。

(4)配合公安和司法部门查处水事治安和刑事案件。

(5)受水行政主管部门委托,负责办理行政许可和征收行政事业性规费等有关事宜。

2．任职条件

(1)高中毕业及以上学历,并经相应岗位培训合格。

(2)掌握国家有关法律、法规;了解水利专业知识;具有协调、处理水事纠纷的能力。

6.7 运行类

6.7.1 运行负责岗位

1．主要职责

(1)遵守规章制度和操作规程。

(2)组织实施运行作业。

(3)负责指导、检查、监督运行作业,保证工作质量和操作安全,发现问题及时处理。

(4)负责运行工作原始记录的检查、复核工作。

2．任职条件

(1)水利、机械、电气类中专或技校毕业及以上学历。

(2)取得初级及以上专业技术职称任职资格或高级工以上技术等级资格,并经相应岗位培训合格,持证上岗。

(3)熟悉机械、电气、通信及水工建筑物等方面的基本知识;能按操作规程组织运行作业,能处理运行中的常见故障;具有较强的组织协调能力。

6.7.2　闸门及启闭机运行岗位

1．主要职责

(1)遵守规章制度和操作规程。

(2)严格按调度指令进行闸门启闭作业。

(3)承担闸门及启闭机的日常维护工作,及时处理常见故障。

(4)填报运行值班记录。

2．任职条件

(1)技校(机械类专业)毕业及以上学历。

(2)取得中级工及以上技术等级资格,并经相应岗位培训合格,持证上岗。

(3)掌握闸门启闭机的基本性能和操作技能;了解闸门安装、调试的有关知识;具有处理运行中常见故障的能力。

6.7.3　电气设备运行岗位

1．主要职责

(1)遵守规章制度和操作规程。

(2)承担各种电气设备的运行操作。

(3)承担电气设备及其线路日常检查及维护,及时处理常见故障。

(4)填报运行值班记录。

2．任职条件

(1)技校(机械、电气类专业)毕业及以上学历。

(2)取得中级工及以上技术等级资格,并经相应岗位培训合格,持证上岗。

(3)掌握电工基础知识和电气设备操作技能;熟悉电气设备的安装、调试及维护的基本知识;具有处理常见故障的能力。

6.7.4　通信设备运行岗位

1．主要职责

(1)遵守规章制度和操作规程。

(2)承担通信设备及系统运行工作。

(3)巡查设备运行情况,及时处理常见故障。

(4)填报运行值班记录。

2.任职条件

(1)技校(通信类专业)或高中毕业及以上学历。

(2)取得中级工及以上技术等级资格,并经相应岗位培训合格。

(3)掌握通信设备的操作技能;了解通信设备的基本工作原理;具有处理常见故障的能力。

6.8 观测类

6.8.1 水工观测岗位

1.主要职责

(1)遵守规章制度和操作规程。

(2)承担水工建筑物的各项观测工作,确保观测数据准确。

(3)承担水工建筑物观测设备及设施的检查与维护工作。

(4)承担观测记录及初步分析工作。

2.任职条件

(1)技校(水利类专业)毕业及以上学历。

(2)取得中级工及以上技术等级资格,并经相应岗位培训合格。

(3)熟悉水工观测的内容和方法;具有处理观测中出现的一般技术问题的能力。

6.8.2 水文观测与水质监测岗位

1.主要职责

(1)遵守规章制度和相关技术标准。

(2)承担工程水文观测与水质监测工作。

(3)填写、保存原始记录;进行资料整理,参与资料整编。

(4)承担水文观测仪器和水文自动化设备的日常检查与维护工作。

(5)参与水污染监测与防治的调查工作。

2.任职条件

(1)中专或高中毕业及以上学历。

(2)取得中级工及以上技术等级资格,并经相应岗位培训合格,持证上岗。

(3)掌握水文观测设备、仪器的性能及其使用和维护方法;了解工程水文观测与水质监测的基本知识;熟悉水质监测技术标准;了解水环境、水污染防治基本知识;具有处理常见故障的能力。

7 大中型水闸工程管理单位岗位定员

7.1 定员级别

7.1.1 大中型水闸工程定员级别按表 7.1.1 的规定确定。

表 7.1.1 大中型水闸工程定员级别

定员级别	过闸流量(m³/s)	孔口面积(m²)
1	≥10000	≥2000
2	<10000 ≥5000	<2000 ≥1000
3	<5000 ≥1000	<1000 ≥500
4	<1000 ≥500	<500 ≥250
5	<500 ≥100	<250 ≥50

注:①过闸流量和孔口面积不在同一级别范围时,按其中较高者确定定员级别。
②过闸流量以设计流量计。

7.2 岗位定员

7.2.1 岗位定员总和(Z)按下式计算:

$$Z = G + S + F \qquad (7.2.1)$$

式中 Z——岗位定员总和(人);

G——单位负责、行政管理、技术管理、财务与资产管理及水政监察类岗位定员之和（人）；

S——运行、观测类岗位定员之和（人）；

F——辅助类岗位定员（人）。

7.2.2 单位负责、行政管理、技术管理、财务与资产管理及水政监察类岗位定员之和（G）按下式计算：

$$G = \sum_{i=1}^{18} G_i \qquad (7.2.2)$$

式中 G_i——单位负责、行政管理、技术管理、财务与资产管理及水政监察类各岗位定员（人），按表7.2.2规定确定。

表7.2.2 单位负责、行政管理、技术管理、财务与
资产管理及水政监察类岗位定员 （单位：人）

岗位类别	岗位名称	G_i	定员级别				
			1	2	3	4	5
单位负责类	单位负责岗位	G_1	2~3	2	1.5~2	1.5	1~1.5
	技术总负责岗位	G_2					
行政管理类	行政事务负责与管理岗位	G_3	3~4	2.5~3	2~2.5	1.5~2	1~1.5
	文秘与档案管理岗位	G_4					
	人事劳动教育管理岗位	G_5					
	安全生产管理岗位	G_6					
技术管理类	工程技术管理负责岗位	G_7	5~8	4~5	3.5~4	2~3.5	1.5~2
	水工技术管理岗位	G_8					
	机电和金属结构技术管理岗位	G_9					
	信息和自动化管理岗位	G_{10}					
	计划与统计岗位	G_{11}					
	水土资源管理岗位	G_{12}					
	调度管理岗位	G_{13}					
财务与资产管理类	财务与资产管理负责岗位	G_{14}	3~4	2.5~3	2~2.5	2	1.5~2
	财务与资产管理岗位	G_{15}					
	会计岗位	G_{16}					
	出纳岗位	G_{17}					
水政监察类	水政监察岗位	G_{18}	3	2~3	2	1~2	1

7.2.3 运行、观测类岗位定员之和(S)按下式计算：

$$S = \sum_{i=1}^{4} S_i \qquad (7.2.3)$$

式中 S_i——运行、观测类各岗位定员(人)。

7.2.4 运行负责岗位定员(S_1)：1、2、3级水闸各取1人，4、5级水闸考虑兼岗，取0.5人。

7.2.5 闸门及启闭机运行岗位与电气设备运行岗位定员之和(S_2)按下式计算：

$$S_2 = C_2 J_2 \qquad (7.2.5)$$

式中 C_2——过闸流量、孔口面积影响系数，按表7.2.5的规定确定；

  J_2——闸门及启闭机运行岗位与电气设备运行岗位定员基数，取2人。

表7.2.5 过闸流量、孔口面积影响系数

过闸流量 (m³/s)	≥10000	≥5000 <10000	≥1000 <5000	≥500 <1000	≥100 <500
孔口面积 (m²)	≥2000	≥1000 <2000	≥500 <1000	≥250 <500	≥50 <250
C_2	3.5	3.0	2.0	1.5	1

注：①两个以上水闸分别按过闸流量、孔口面积之和确定影响系数 C_2；

  ②若过闸流量及孔口面积不在同一档内，则按其中较高档确定 C_2；

  ③年平均启闭次数大于120次(启、闭各计1次)的水闸，C_2 提高一档，但不得大于3。

7.2.6 通信设备运行岗位定员(S_3)按表7.2.6的规定确定。

表7.2.6　通信设备运行岗位定员　　（单位:人）

定员级别	1	2	3	4	5
S_3	2～3	2	2	1～2	1

7.2.7 水工观测、水文观测与水质监测两个岗位定员之和(S_4)按表7.2.7的规定确定。

表7.2.7　水工观测、水文观测与水质监测岗位定员　　（单位:人）

定员级别	1	2	3	4	5
S_4	3～4	3	2～3	1～2	0.5～1

注:挡潮闸的观测岗位增加1人;无水文或水质监测任务的,岗位定员各按1/3比例
　减少。

7.2.8 辅助类岗位定员(F)按下式计算:

$$F = q(G + S) \qquad (7.2.8)$$

式中　q——辅助类岗位定员比例系数,取0.10～0.12。

8 河道堤防工程管理单位岗位设置

8.1 岗位类别及名称

8.1.1 河道堤防工程管理单位的岗位类别及名称见表8.1.1。

表8.1.1 河道堤防工程管理单位岗位类别及名称

序号	岗位类别	岗位名称
1	单位负责类	单位负责岗位
2		技术总负责岗位
3	行政管理类	行政事务负责与管理岗位
4		文秘与档案管理岗位
5		人事劳动教育管理岗位
6		安全生产管理岗位
7	技术管理类	工程技术管理负责岗位
8		堤防工程技术管理岗位
9		穿堤闸涵工程技术管理岗位
10		堤岸防护工程技术管理岗位
11		水土资源管理岗位
12		信息和自动化管理岗位
13		计划与统计岗位
14		河道水量与水环境管理岗位
15		河道管理岗位
16		防汛调度岗位
17		汛情分析岗位

序号	岗位类别	岗位名称
18	财务与资产管理类	财务与资产管理负责岗位
19		财务与资产管理岗位
20		会计岗位
21		出纳岗位
22	水政监察类	水政监察岗位
23		规费征收岗位
24	运行类	运行负责岗位
25		堤防及堤岸防护工程巡查岗位
26		穿堤闸涵工程运行岗位
27		通信设备运行岗位
28		防汛物资保管岗位
29	观测类	堤防及穿堤闸涵工程监测岗位
30		堤岸防护工程探测岗位
31		河势与水(潮)位观测岗位
32		水质监测岗位
	辅助类	

8.2 单位负责类

8.2.1 单位负责岗位

1. 主要职责

(1)贯彻执行国家的有关法律、法规、方针政策及上级主管部门的决定、指令。

(2)全面负责行政、业务工作,保障工程安全,充分发挥工程效益。

(3)组织制定和实施单位的发展规划及年度工作计划,建立健全各项规章制度,不断提高管理水平。

（4）推动科技进步和管理创新，加强职工教育，提高职工队伍素质。

（5）协调处理各种关系，完成上级交办的工作。

2.任职条件

（1）水利类或相关专业大专毕业及以上学历。

（2）取得相当于助理工程师及以上专业技术职称任职资格，并经相应岗位培训合格。

（3）掌握《中华人民共和国水法》、《中华人民共和国防洪法》、《河道管理条例》等法律、法规；掌握河道堤防工程管理的基本知识；熟悉相关技术标准；具有较强的组织协调、决策和语言表达能力。

8.2.2 技术总负责岗位

1.主要职责

（1）贯彻执行国家的有关法律、法规和相关技术标准。

（2）全面负责技术管理工作，掌握工程运行状况，保障工程安全和效益发挥。

（3）组织制定、实施科技发展规划与年度计划。

（4）组织制订工程调度运用方案、工程的除险加固、更新改造和扩建建议方案；组织制定工程养护修理计划，组织或参与工程验收工作；指导防洪抢险技术工作。

（5）组织工程设施的一般事故调查处理，提出或审查有关技术报告；参与工程设施重大事故的调查处理。

（6）组织开展水利科技开发和成果的推广应用，指导职工技术培训、考核及科技档案工作。

2.任职条件

（1）水利、土木类本科毕业及以上学历。

（2）取得工程师及以上专业技术职称任职资格，并经相应岗位培训合格。

（3）熟悉《中华人民共和国水法》、《中华人民共和国防洪法》、

《河道管理条例》等法律、法规;掌握水利规划及工程设计、施工、管理等专业知识和相关的技术标准;了解国内外现代化管理的科技动态;具有较强的组织协调、技术决策和语言文字表达能力。

8.3 行政管理类

8.3.1 行政事务负责与管理岗位

1.主要职责

(1)贯彻执行国家的有关法律、法规及上级部门的有关规定。

(2)组织制定各项行政管理规章制度并监督实施。

(3)负责管理行政事务、文秘、档案等工作。

(4)负责并承办行政事务、公共事务及后勤服务等工作。

(5)承办接待、会议、车辆管理、办公设施管理等工作。

(6)协调处理各种关系,完成领导交办的其他工作。

2.任职条件

(1)高中毕业及以上学历,并经相应岗位培训合格。

(2)熟悉行政管理专业知识;了解河道堤防工程管理的基本知识;具有较强的组织协调及较好的语言文字表达能力。

8.3.2 文秘与档案管理岗位

1.主要职责

(1)遵守国家文秘、档案的有关法律、法规及上级主管部门的有关规定。

(2)承担公文起草、文件运转等文秘工作。

(3)承担档案管理工作。

(4)承担收集信息、宣传报道,协助办理有关行政事务管理等工作。

2.任职条件

(1)水利、文秘、档案类专业中专或高中毕业及以上学历,并经相应岗位培训合格。

（2）熟悉国家的有关法律、法规和上级部门的有关规定；掌握文秘、档案管理等专业知识；具有一定政策水平和较强的语言文字表达能力。

8.3.3 人事劳动教育管理岗位

1. 主要职责

（1）遵守劳动、人事、社会保障等有关的法律、法规及上级主管部门的有关规定。

（2）承办人事、劳动、教育和社会保险等管理工作。

（3）承担职工岗位培训工作，承办专业技术职称和工人技术等级的申报、评聘等具体工作。

（4）承办离退休人员管理工作。

2. 任职条件

（1）中专毕业及以上学历。

（2）取得初级及以上专业技术职称任职资格，并经相应岗位培训合格。

（3）掌握有关人事、劳动及教育管理基本知识；能处理人事、劳动、教育有关业务问题；具有一定的政策水平和组织协调能力。

8.3.4 安全生产管理岗位

1. 主要职责

（1）遵守国家有关安全生产的法律、法规和相关技术标准。

（2）承担安全生产管理与监督工作。

（3）承担安全生产宣传教育工作。

（4）参与制定、落实安全管理制度及技术措施。

（5）参与安全事故的调查处理及监督整改工作。

2. 任职条件

（1）水利类中专毕业及以上学历。

（2）取得初级及以上专业技术职称任职资格，并经相应岗位培训合格。

(3)掌握有关安全生产的法律、法规和规章制度;有一定安全生产管理经验;具有分析和协助处理安全生产问题的能力。

8.4 技术管理类

8.4.1 工程技术管理负责岗位

1.主要职责

(1)贯彻执行国家有关的法律、法规和相关技术标准。

(2)负责工程技术管理,掌握工程运行状况,及时处理主要技术问题。

(3)组织编制并落实工程管理规划、年度计划及防汛方(预)案。

(4)负责组织工程的养护修理及质量监管等工作并参与工程验收。

(5)负责工程除险加固、更新改造及扩建项目立项申报的相关工作,参与工程实施中的有关管理工作。

(6)组织技术资料收集、整编及归档工作。

(7)组织开展有关工程管理的科研开发和新技术的应用工作。

(8)负责防汛指挥办事机构的日常工作。

(9)组织编制和执行防汛方(预)案。

2.任职条件

(1)水利类大专毕业及以上学历。

(2)取得工程师及以上专业技术职称任职资格,经相应的岗位培训合格。

(3)熟悉河道堤防工程的规划、设计、施工、管理的基本知识;了解河道堤防管理现代化知识;能解决工程中出现的技术问题;具有较强的组织协调能力。

8.4.2　堤防工程技术管理岗位

1.主要职责

(1)遵守国家有关河道堤防工程管理的法律、法规和相关技术标准。

(2)承担堤防工程技术管理工作。

(3)参与编制工程管理规划、年度计划及养护修理计划。

(4)掌握堤防工程运行状况,承担堤防工程观测等技术工作。

2.任职条件

(1)水利类中专毕业及以上学历。

(2)取得初级及以上专业技术职称任职资格,并经相应岗位培训合格。

(3)熟悉河道堤防工程的规划、设计、施工及管理的基本知识;具有解决堤防工程一般技术问题的能力。

8.4.3　穿堤闸涵工程技术管理岗位

1.主要职责

(1)遵守国家有关法律、法规和相关技术标准。

(2)承担穿堤闸涵工程技术管理工作。

(3)参与编制工程管理规划、年度计划及养护修理计划。

(4)掌握穿堤闸涵工程运行状况,承担穿堤闸涵工程运行、观测技术工作。

2.任职条件

(1)水利类中专毕业及以上学历。

(2)取得初级及以上专业技术职称任职资格,并经相应岗位培训合格。

(3)熟悉堤防、涵闸方面的基本知识;具有解决闸涵工程一般技术问题的能力。

8.4.4　堤岸防护工程技术管理岗位

1.主要职责

(1)遵守国家有关法律、法规和相关技术标准。

（2）承担堤岸防护工程技术管理工作。

（3）参与编制工程管理规划、年度养护修理计划。

（4）掌握堤岸防护工程运行状况和河势变化情况,负责堤岸防护工程观测的技术工作。

2.任职条件

（1）水利类中专毕业及以上学历。

（2）取得初级及以上专业技术职称任职资格,并经相应岗位培训合格。

（3）熟悉河道整治的专业基本知识;具有解决堤岸防护工程的一般技术问题的能力。

8.4.5 水土资源管理岗位

1.主要职责

（1）遵守国家有关法律、法规及上级主管部门的规定。

（2）承担河道堤防生物防护工程及水土资源管理技术工作。

（3）制定和实施工程管理范围内的水土资源开发规划与计划。

（4）制定和实施河道堤防生物防护工程的规划与计划。

2.任职条件

（1）水利或农林类相关专业中专毕业及以上学历。

（2）取得初级及以上专业技术职称任职资格,并经相应岗位培训合格。

（3）掌握水土资源管理相关知识和林、草病虫害防治的基本知识;了解河道堤防工程管理的基本知识;具有一定的组织协调能力及资源开发管理能力。

8.4.6 信息和自动化管理岗位

1.主要职责

（1）遵守国家有关信息和自动化方面的法律、法规和相关技术标准。

（2）承担通信（预警）系统、闸门启闭机集中控制系统、自动化观测系统、防汛决策支持系统及办公自动化系统等管理工作。

(3)处理设备运行、维护中的技术问题。

(4)参与工程信息和自动化系统的技术改造工作。

2.任职条件

(1)通信或计算机类大专毕业及以上学历。

(2)取得助理工程师及以上专业技术职称任职资格,并经相应岗位培训合格。

(3)熟悉通信、网络、信息技术等基本知识;了解水利工程管理、运行等方面的有关知识;了解国内外信息和自动化技术的发展动态;具有处理信息和自动化方面一般技术问题的能力。

8.4.7 计划与统计岗位

1.主要职责

(1)遵守国家有关计划与统计方面的法律、法规及上级主管部门的有关规定。

(2)承担计划与统计的具体业务工作。

(3)参与编制工程管理的中长期规划及年度计划。

(4)承担相关的合同管理工作。

(5)参与工程预(决)算及竣工验收工作。

2.任职条件

(1)水利类或统计专业大专毕业及以上学历。

(2)取得助理工程师及以上专业技术职称任职资格,并经相应岗位培训合格。

(3)掌握国家有关的法律、法规和规定;熟悉工程规划、设计、施工、运行和管理的基本知识;具有工程计划、统计、合同管理等方面的工作能力。

8.4.8 河道水量与水环境管理岗位

1.主要职责

(1)遵守国家有关的法律、法规和上级主管部门的规定。

(2)调查、分析用水区需水情况,申报水量指标;调查、监督排污状况,提出处理建议。

(3)受理取水许可申请,承担水量调度、计量工作。

(4)承担河道水环境管理工作。

2.任职条件

(1)水利类中专毕业及以上学历。

(2)取得初级及以上专业技术职称任职资格,并经相应岗位培训合格。

(3)掌握河道引水、供水的基本知识;掌握水环境保护的法律法规和相关技术标准;熟悉河道水工程、水文量测、水资源及水环境的基本知识;具有一定的政策水平和较强的组织协调能力。

8.4.9 河道管理岗位

1.主要职责

(1)贯彻执行国家有关河道管理方面的法律、法规和上级主管部门的有关规定。

(2)负责河道管理,保障河道行洪顺畅。

(3)负责河道的水量、水环境、岸线的管理工作。

(4)负责并承担河道清淤管理和清障调查,参与制订清淤方案并监督实施。

(5)参与制定河道采砂和岸线保护规划并监督实施,协助主管部门管理采砂作业。

(6)参与河道管理范围内建设项目的审查、管理和相关监督、检查工作。

2.任职条件

(1)水利、土木类中专毕业及以上学历。

(2)取得初级及以上专业技术职称任职资格,并经相应岗位培训合格。

(3)掌握国家有关河道管理方面的法律、法规和技术标准;熟悉河道整治、防洪、水文水资源、水环境等方面的专业知识;具有较高的政策水平、较强的组织协调能力和语言文字表达能力。

8.4.10 防汛调度岗位

1.主要职责

(1)贯彻执行国家有关防汛方面的法律、法规和上级主管部门的决定、指令。

(2)承担防汛调度工作。

(3)承担防汛技术工作,编制防汛方(预)案和抢险方案。

(4)及时掌握水情、工情、险情和灾情等防汛动态。

(5)检查、督促、落实各项防汛准备工作。

(6)负责并承办防汛宣传和防汛抢险技术培训工作。

2.任职条件

(1)水利类大专毕业及以上学历。

(2)取得助理工程师及以上专业技术职称任职资格,具有3年以上防汛或工程管理工作经历。

(3)掌握《中华人民共和国水法》、《中华人民共和国防洪法》、《河道管理条例》等法律、法规;熟悉水利工程和水文方面的基本知识;能根据水情、工情,提出防汛抢险的建议。

8.4.11 汛情分析岗位

1.主要职责

(1)遵守国家有关防汛方面的法律、法规和上级主管部门的决定、指令。

(2)收集水情、雨情,承担汛情分析及所辖河段的水情预报工作。

(3)承担汛情资料的分析、整理与归档工作。

2.任职条件

(1)水利类中专毕业及以上学历。

(2)取得初级及以上专业技术职称任职资格,并经相应岗位培训合格。

(3)掌握《中华人民共和国水法》、《中华人民共和国防洪法》、《河道管理条例》等法律、法规;熟悉水文、气象等专业基本知识;了解水利工程的基本知识;具有一定的综合分析能力。

8.5 财务与资产管理类

8.5.1 财务与资产管理负责岗位

1.主要职责

(1)贯彻执行国家有关财务、会计、经济和资产管理方面的法律、法规和有关规定。

(2)负责财务和资产管理工作。

(3)建立健全财务和资产管理的规章制度,并负责组织实施、检查和监督。

(4)组织编制财务收支计划和年度预算并组织实施;负责编制年度决算报告。

(5)负责有关投资和资产运营管理工作。

2.任职条件

(1)财经类大专毕业及以上学历。

(2)取得经济师或会计师及以上专业技术职称任职资格,并经相应岗位培训合格。

(3)掌握财会、金融、工商、税务和投资等方面的基本知识;了解河道堤防工程管理和现代化管理的基本知识;有较高的政策水平和较强的组织协调能力。

8.5.2 财务与资产管理岗位

1.主要职责

(1)遵守国家有关财务、会计、经济和资产管理方面的法律、法规和有关规定。

（2）承办财务和资产管理的具体工作。

（3）参与编制财务收支计划和年度预算与决算报告。

（4）承担防汛物资的管理工作。

（5）参与有关投资和资产运营管理工作。

2.任职条件

（1）经济类中专毕业及以上学历。

（2）取得初级及以上专业技术职称任职资格,并经相应岗位培训合格。

（3）掌握财会和资产管理的基本知识;了解工商、税务、物价等方面的规定;具有一定的组织协调能力。

8.5.3 会计岗位

1.主要职责

（1）遵守《中华人民共和国会计法》、《水利工程管理单位财务制度》和《水利工程管理单位会计制度》等法律、法规。

（2）承担会计业务工作,进行会计核算和会计监督,保证会计凭证、账簿、报表及其他会计资料的真实、准确、完整。

（3）建立健全会计核算和相关管理制度,保证会计工作依法进行。

（4）参与编制财务收支计划和年度预算与决算报告,承担会计档案保管及归档工作。

（5）编制会计报表。

2.任职条件

（1）财会类中专毕业及以上学历。

（2）取得助理会计师及以上专业技术职称任职资格,并经相应岗位培训合格,持证上岗。

（3）熟悉财务、会计、金融、工商、税务、物价等方面的基本知识;了解河道堤防工程管理的基本知识;能解决会计工作中的实际问题。

8.5.4　出纳岗位

1.主要职责

(1)遵守《中华人民共和国会计法》、《水利工程管理单位财务制度》和《水利工程管理单位会计制度》等法律、法规。

(2)根据审核签章的记账凭证,办理现金、银行存款的收付结算业务。

(3)及时登记现金、银行日记账,做到日清月结,账实相符。

(4)管理支票、库存现金及有价证券。

(5)参与编制财务收支计划和年度预算与决算报告。

2.任职条件

(1)财会类中专毕业及以上学历。

(2)取得会计员及以上专业技术职称任职资格,并经相应岗位培训合格,持证上岗。

(3)了解财务、会计、金融、工商、税务、物价等方面的基本知识;了解河道堤防工程管理的基本情况;坚持原则,工作认真细致。

8.6　水政监察类

8.6.1　水政监察岗位

1.主要职责

(1)宣传贯彻《中华人民共和国水法》、《中华人民共和国水土保持法》、《中华人民共和国防洪法》、《中华人民共和国水污染防治法》等法律法规。

(2)负责并承担管理范围内水资源、水域、生态环境及水利工程或设施等的保护工作。

(3)负责对水事活动进行监督检查,维护正常的水事秩序,对公民、法人或其他组织违反法律法规的行为实施行政处罚或采取其他行政措施。

(4)配合公安和司法部门查处水事治安和刑事案件。

（5）受水行政主管部门委托,负责办理行政许可和征收行政事业性规费等有关事宜。

2.任职条件

（1）高中毕业及以上学历,并经相应岗位培训合格。

（2）掌握国家有关法律、法规;了解水利专业知识;具有协调、处理水事纠纷的能力。

8.6.2　规费征收岗位

1.主要职责

（1）遵守国家有关法律、法规、规定。

（2）依法征收有关规费。

（3）承担水费等计收工作。

2.任职条件

（1）高中毕业及以上学历,并经相应岗位培训合格。

（2）熟悉有关规费方面的基本知识;了解国家有关规费方面的法律、法规和规定;有一定的政策水平和较强的协调能力。

8.7　运行类

8.7.1　运行负责岗位

1.主要职责

（1）遵守规章制度和安全操作规程。

（2）组织实施运行作业。

（3）负责指导、检查、监督运行作业,保证工作质量和操作安全,发现问题及时处理。

（4）负责运行工作原始记录的检查、复核工作。

2.任职条件

（1）水利、机械、电气类中专或技校毕业及以上学历。

(2)取得初级及以上专业技术职称任职资格或高级工及以上技术等级资格,并经相应岗位培训合格。

(3)熟悉机械、电气、通信及水工建筑物等方面的基本知识;能按操作规程组织运行作业,能处理运行中的常见故障;具有较强的组织协调能力。

8.7.2 堤防及堤岸防护工程巡查岗位

1.主要职责

(1)遵守规章制度和作业规程。

(2)承担堤防及堤岸防护工程的巡视、检查工作,做好记录,发现问题及时报告或处理。

(3)参与害堤动物防治工作。

(4)参与防汛抢险工作。

2.任职条件

(1)高中毕业及以上学历。

(2)取得初级工及以上技术等级资格,并经相应岗位培训合格。

(3)掌握堤防工程巡查工作内容及要求,具有发现并处理常见问题的能力。

8.7.3 穿堤闸涵工程运行岗位

1.主要职责

(1)遵守规章制度和操作规程。

(2)按调度指令进行穿堤闸涵工程的运行,做好运行记录。

(3)承担穿堤闸涵工程附属的机电、金属结构设备的维护工作,及时处理常见故障。

2.任职条件

(1)高中毕业及以上学历。

(2)取得初级工及以上技术等级资格,并经相应岗位培训合格。

(3)掌握闸门启闭机操作的基本技能;了解闸涵的结构性能及

运行等基本知识;能及时、安全、准确操作;具有发现并处理常见问题的能力。

8.7.4 通信设备运行岗位

1.主要职责

(1)遵守规章制度和操作规程。

(2)承担通信设备及系统运行工作。

(3)巡查设备运行情况,发现故障及时处理。

(4)填报运行值班记录。

2.任职条件

(1)通信类技校或高中毕业及以上学历。

(2)取得中级工及以上技术等级资格,并经相应岗位培训合格。

(3)掌握通信设备的工作原理和操作技能;具有处理常见故障的能力。

8.7.5 防汛物资保管岗位

1.主要职责

(1)遵守规章制度和有关规定。

(2)承担防汛物资的保管工作。

(3)定期检查所存物料、设备,保证其安全和完好。

(4)及时报告防汛物料及设备的储存和管理情况。

2.任职条件

(1)技校或高中毕业及以上学历。

(2)取得初级工及以上技术等级资格,并经相应岗位培训合格。

(3)熟悉防汛物资和器材的保管、保养方法;能正确使用消防、防盗器材。

8.8　观测类

8.8.1　堤防及穿堤闸涵工程监测岗位

1.主要职责

(1)遵守各项规章制度和操作规程。

(2)承担堤防及闸涵工程观测及隐患探测工作;及时记录、整理观测资料。

(3)参与观测资料分析及隐患处理等工作。

(4)维护和保养观测及探测设施、设备、仪器。

2.任职条件

(1)技校或高中毕业及以上学历。

(2)取得中级工及以上技术等级资格,并经相应岗位培训合格。

(3)掌握观测及探测设备、仪器的操作和保养方法;熟悉工程观测及探测基本知识;能熟练操作观测及探测设备、仪器;具有处理一般技术问题的能力。

8.8.2　堤岸防护工程探测岗位

1.主要职责

(1)遵守各项规章制度和操作规程。

(2)承担堤岸防护工程的探测工作,及时记录并整理资料。

(3)参与探测资料分析工作。

(4)维护和保养探测设施、设备、仪器。

2.任职条件

(1)技校或高中毕业及以上学历。

(2)取得中级工及以上技术等级资格,并经相应岗位培训合格。

(3)掌握探测设备、仪器的操作、维护保养方法和工程探测的基本知识;能熟练操作探测设备、仪器;具有处理常见问题的能力。

8.8.3 河势与水(潮)位观测岗位

1.主要职责

(1)遵守各项规章制度和操作规程。

(2)承担河势、水(潮)位观测工作,及时记录并整理资料。

(3)参与观测资料分析工作。

(4)维护和保养观测设施、设备、仪器。

2.任职条件

(1)技校或高中毕业及以上学历。

(2)取得中级工及以上技术等级资格,并经相应岗位培训合格。

(3)掌握观测设备、仪器的操作和维护保养方法;了解河势、水(潮)位观测的基本知识;能熟练操作观测设备、仪器;具有处理常见问题的能力。

8.8.4 水质监测岗位

1.主要职责

(1)遵守规章制度和相关技术标准。

(2)参与水质监测工作,及时发现并报告水污染事件。

(3)参与水污染防治的调查工作。

2.任职条件

(1)相关专业中专毕业及以上学历。

(2)取得初级及以上专业技术职称任职资格,并经相应岗位培训合格。

(3)掌握水质监测的基本知识和方法;熟悉水质监测技术标准;了解水环境、水污染防治的基本知识。

9 河道堤防工程管理单位岗位定员

9.1 定员级别

9.1.1 堤防工程定员级别按表 9.1.1 的规定确定。

表 9.1.1 堤防工程定员级别

定员级别	防洪标准 [重现期(年)]
1	≥100
2	<100 ≥50
3	<50 ≥30
4	<30 ≥20

9.2 岗位定员

9.2.1 岗位定员总和(Z)按下式计算:

$$Z = G + S + F \qquad (9.2.1)$$

式中 Z——岗位定员总和(人);

G——单位负责、行政管理、技术管理、财务与资产管理及水政监察类岗位定员之和(人);

S——运行、观测类岗位定员之和(人);

F——辅助类岗位定员(人)。

9.2.2 单位负责、行政管理、技术管理、财务与资产管理及水政监察类岗位定员之和(G)按下式计算：

$$G = \alpha\beta\gamma J_g \qquad (9.2.2)$$

式中 J_g ——定员基数，一般单位为 11 人，不承担水政监察任务、不承担河道管理任务、不承担防汛指挥机构日常工作的单位，基数应分别减去 1.5、1.0、1.0 人；

α ——堤防工程级别影响系数，按表 9.2.2-1 的规定确定；

β ——堤防长度影响系数，按表 9.2.2-1 的规定确定；

γ ——堤身断面影响系数，按表 9.2.2-2 的规定确定。

表 9.2.2-1　堤防工程级别影响系数和堤防长度影响系数

定员级别	1		2		3		4	
堤防长度 L(km)	$L<50$	$L\geqslant50$	$L<60$	$L\geqslant60$	$L<70$	$L\geqslant70$	$L<80$	$L\geqslant80$
α	1.00～1.20		0.90～1.10		0.70～0.90		0.60～0.80	
β	$0.80+L/50$	$1.68+L/400$	$0.75+L/60$	$1.60+L/400$	$0.65+L/70$	$1.48+L/400$	$0.60+L/80$	$1.40+L/400$

注：①管理多种级别堤防的工程管理单位，按主要堤防(占所辖堤防总长度 1/3 以上)的最高级别确定系数，L 为所辖 1、2、3、4 级堤防长度之和；

②有堤岸防护工程的，L 为所辖 1、2、3、4 级堤防长度与堤岸防护工程长度之和。

表 9.2.2-2　堤身断面影响系数

堤身建筑轮廓线长度 l(m)	$l<50$	$50\leqslant l<100$	$100\leqslant l<150$	$l\geqslant150$
γ	$0.80+0.004l$	$0.20+0.016l$	$0.80+0.010l$	$1.70+0.004l$

注：①堤身建筑轮廓线长度 l 为临水坡长、堤顶宽度和背水坡长之和，设有戗堤或防渗压重铺盖的堤段，从戗堤或防渗压重铺盖坡脚线开始起算；

②对于管理 2 种及 2 种以上级别堤防的工程管理单位，以确定系数 α、β 的堤防工程级别作为确定系数 γ 的堤防工程级别，即以该级别堤防的堤身建筑轮廓线长度确定 γ；

③同一级别的各段堤防的堤身断面差异较大时，堤身建筑轮廓线长度 l 取堤身建筑物轮廓线长度的加权平均值，权重为堤段长度。

9.2.3 单位负责、行政管理、技术管理、财务与资产管理和水政监察类岗位定员,根据管理单位各类管理任务的工作量按表9.2.3规定的比例分配。

表9.2.3　岗位人数分配比例

岗位类别	单位负责	行政管理	技术管理及水政监察				资产管理
			工程	河道	防汛	水政监察	
分配比例	$1.3/J_g$	$2.2/J_g$	$2.3/J_g$	$1.0/J_g$	$1.0/J_g$	$1.5/J_g$	$1.7/J_g$

注:按定员分配方案确定的单位负责类定员数不足1人时,按1人计;超过4人时,
　　按4人计。

9.2.4 运行、观测类岗位定员之和(S)按下式计算:

$$S = \sum_{i=1}^{9} S_i \qquad (9.2.4)$$

式中　S_i——运行、观测类各个岗位定员(人)。

9.2.5 运行负责岗位定员(S_1)按下式计算:

$$S_1 = c_1 L_d J_1 \qquad (9.2.5)$$

式中　c_1——运行负责岗位定员影响系数,按表9.2.5的规定确定;

　　　L_d——某级堤防的长度(km);

　　　J_1——运行负责岗位定员基数,1人。

管理多种级别堤防的,应分别计算各级堤防的运行负责岗位定员并相加。

表9.2.5　运行负责岗位定员影响系数

定员级别	1	2	3	4
c_1	1/20	1/40	1/60	1/80

9.2.6 堤防及堤岸防护工程巡查岗位定员(S_2)按下式计算：

$$S_2 = A + B \tag{9.2.6-1}$$

式中 A——堤防巡查岗位定员（人）；

B——堤岸防护工程岗位定员（人）。

1.堤防巡查岗位定员(A)按下式计算：

$$A = c_2 L_d J_2 \tag{9.2.6-2}$$

式中 J_2——堤防巡查岗位定员基数，1人；

c_2——堤防巡查岗位定员影响系数，按表9.2.6-1的规定确定。

管理多种级别堤防的，分别计算各级堤防的巡查岗位定员并相加。

表9.2.6-1　堤防巡查岗位定员影响系数

定员级别	1	2	3	4
c_2	1/5～1/4	1/10～1/8	1/20～1/16	1/24～1/18

2.堤岸防护工程巡查岗位定员(B)按下式计算：

$$B = (e_2 L_g + L_h /9) J_2 \tag{9.2.6-3}$$

式中 e_2——堤岸防护工程型式影响系数，按表9.2.6-2的规定确定；

L_g——某处堤岸防护工程的工程长度值(km)，丁坝间距大于坝长的6倍、坝间无其他工程措施的，以坝长之和作为工程的长度；

L_h——某处堤岸防护工程的护砌长度值(km)。

管理多处堤岸防护工程的，应分别计算各处堤岸防护工程巡查岗位定员并相加。

表 9.2.6-2　堤岸防护工程型式影响系数

工程型式	丁坝	短坝(矶头、垛)	平顺护岸
e_2	0.16~0.20	0.08~0.10	0.01~0.02

注:①坝长大于 20m 的以丁坝计;
　　②丁坝与短坝、平顺护岸联合使用的按丁坝取值,短坝与平顺护岸联合使用的按
　　　短坝取值;
　　③黄河中下游的堤岸防护工程 e_2 取值时扩大 2.5 倍。

9.2.7 穿堤闸涵工程运行岗位定员(S_3)按下式计算:

$$S_3 = c_3 N J_3 \qquad (9.2.7)$$

式中　c_3——穿堤闸涵工程运行岗位定员影响系数,按表 9.2.7
　　　　　的规定确定;

　　　N——穿堤闸涵工程的座数;

　　　J_3——穿堤闸涵工程运行岗位定员基数,1 人。

　　管理多种级别流量穿堤闸涵的,应分别计算各级别流量穿堤
闸涵的运行岗位定员并相加。

表 9.2.7　穿堤闸涵工程运行岗位定员影响系数

流量 Q(m³/s)	$Q<10$	$10\leqslant Q<50$	$50\leqslant Q<100$
c_3	0.05~0.2	0.2~1.5	1.5~3.0

注:流量大于或等于100m³/s 的穿堤闸涵工程,其运行、观测类岗位定员按大中型水
　　闸工程管理单位岗位定员的有关规定执行。

9.2.8 通信设备运行岗位定员(S_4)按下式计算:

$$S_4 = c_4 T J_4 \qquad (9.2.8)$$

式中　c_4——通信设备运行岗位定员影响系数,按表 9.2.8 的规
　　　　　定确定;

　　　T——某类通信设备台(套)数;

　　　J_4——通信设备运行岗位定员基数,1 人。

有多类通信设备的,应分别计算各类通信设备的运行岗位定员并相加。

表9.2.8　通信设备运行岗位定员影响系数

设备类型	程控交换机 (含程控配线)	微波站 (含电源)	无线接入 系统基站	集群调度 系统基站	遥测系统	电台
c_4	1.5	1.0	0.5	0.5	0.5	0.2

注:①防汛指挥机构要求程控交换机汛期实施人工转接的,程控交换机的系数取4.5;
②需要24小时值班的干线微波站(含一点多址微波中心站),其系数取4.0。

9.2.9 防汛物资保管岗位定员(S_5)按下式计算:

$$S_5 = c_5(L_d + L_e)J_5 \tag{9.2.9}$$

式中　J_5——防汛物资保管岗位定员基数,1人;

　　　L_e——某级堤防的堤岸防护工程长度(km);

　　　c_5——防汛物资保管岗位定员影响系数,按表9.2.9的规定确定。

管理多种级别堤防的,应分别计算各级堤防的防汛物资保管岗位定员并相加。

表9.2.9　防汛物资保管岗位定员影响系数

定员级别	1	2	3	4
c_5	1/20	1/30	1/40	1/50

注:黄河中下游 c_5 取值时扩大2.0倍。

9.2.10 堤防及穿堤闸涵工程监测岗位定员(S_6)按下式计算:

$$S_6 = E + F \tag{9.2.10-1}$$

式中　E——堤防监测岗位定员(人);

　　　F——穿堤闸涵工程监测岗位定员(人)。

1. 堤防监测岗位定员(E)按下式计算:

$$E = c_6 L_d J_6 \tag{9.2.10-2}$$

式中 c_6——堤防监测岗位定员影响系数,按表9.2.10-1的规定确定;

J_6——堤防监测岗位定员基数,3 人。

管理多种级别堤防的,应分别计算各级堤防的监测岗位定员并相加。

表 9.2.10-1　堤防监测岗位定员影响系数

定员级别	1	2	3	4
c_6	1/30	1/50	1/70	1/90

2. 穿堤闸涵工程监测岗位定员(F)按下式计算:

$$F = e_6 N J_6 \qquad (9.2.10\text{-}3)$$

式中 e_6——穿堤闸涵工程监测岗位定员影响系数,按表9.2.10-2的规定确定。

管理多种级别流量穿堤闸涵的,应分别计算各级别流量穿堤闸涵的监测岗位定员并相加。

表 9.2.10-2　穿堤闸涵工程监测岗位定员影响系数

流量 $Q(\mathrm{m^3/s})$	$Q < 10$	$10 \leqslant Q < 50$	$50 \leqslant Q < 100$
e_6	0~0.06	0.06~0.20	0.20~0.40

注:流量大于或等于100$\mathrm{m^3/s}$的穿堤闸涵工程,其运行、观测类岗位定员按大中型水闸工程管理单位岗位定员的有关规定执行。

9.2.11 堤岸防护工程探测岗位定员(S_7)按下式计算:

$$S_7 = c_7 L_q J_7 \qquad (9.2.11)$$

式中 c_7——堤岸防护工程探测岗位定员影响系数,按表9.2.11的规定确定;

L_q——某级堤防的堤岸防护工程护砌长度,以 km 计;

J_7——堤岸防护工程探测岗位定员基数,3 人。

管理多种级别堤防的,应分别计算各级堤防的堤岸防护工程探测岗位定员并相加。

表 9.2.11 堤岸防护工程探测岗位定员影响系数

定员级别	1	2	3	4
c_7	0.10	0.06	0	0

注:不采用散抛石护脚的堤岸防护工程,c_7 取 0。

9.2.12 河势与水(潮)位观测岗位定员(S_8)按下式计算:

$$S_8 = (c_8 L_1 + e_8 M)J_8 \qquad (9.2.12)$$

式中　J_8——河势与水(潮)位观测岗位定员基数,1 人;

　　　c_8——河势观测影响系数,按表 9.2.12-1 的规定确定;

　　　L_1—— 一线堤防长度值(km);

　　　e_8——水(潮)位观测影响系数,按表 9.2.12-2 的规定确定;

　　　M——上级主管单位批准设立的某级堤防水位站个数(不包括遥测站)。

管理多种级别堤防的,应分别计算各级堤防的河势与水(潮)位观测岗位定员并相加。

表 9.2.12-1 河势观测影响系数

定员级别	1	2	3	4
c_8	1/30	1/40	1/60	1/80

注:无河势观测任务的,c_8 取 0。

表 9.2.12-2 水(潮)位观测影响系数

定员级别	1	2	3	4
e_8	0.6	0.5	0.4	0.4

9.2.13 水质监测岗位定员(S_9)按下式计算:

$$S_9 = c_9 L_1 J_9 \tag{9.2.13}$$

式中 c_9——水质监测岗位定员影响系数,按表9.2.13的规定确定;

J_9——水质监测岗位定员基数,1 人。

管理多种级别堤防的,应分别计算各级堤防的水质监测岗位定员并相加。

表9.2.13 水质监测岗位定员影响系数

定员级别	1	2	3	4
c_9	1/50	1/60	1/80	1/100

注:无水质监测任务的,c_9 取 0。

9.2.14 辅助类岗位定员(F)按下式计算:

$$F = q(G + S) \tag{9.2.14}$$

式中 q——辅助类岗位定员比例系数,取 0.06~0.08。

10 大中型灌区工程管理单位岗位设置

10.1 岗位类别及名称

10.1.1 大中型灌区工程管理单位的岗位类别及名称见表 10.1.1。

表 10.1.1 大中型灌区工程管理单位岗位类别及名称

序号	岗位类别	岗位名称
1	单位负责类	单位负责岗位
2		技术总负责岗位
3		财务与资产总负责岗位
4	行政管理类	行政事务负责与管理岗位
5		文秘与档案管理岗位
6		人事劳动教育负责与管理岗位
7	技术管理类	工程技术管理负责岗位
8		工程技术管理岗位
9		工程安全及防汛管理岗位
10		工程规划计划管理岗位
11		水土资源及环境管理岗位
12		统计岗位
13		灌溉排水管理负责岗位
14		灌溉排水管理岗位
15		灌溉排水计量管理岗位
16		灌溉排水水质管理岗位
17		科技管理负责岗位
18		灌溉试验管理岗位
19		节水灌溉技术管理岗位
20		信息系统管理岗位

序号	岗位类别	岗位名称
21	财务与资产管理类	财务与资产管理负责岗位
22		会计与水费管理岗位
23		出纳岗位
24		物资及器材管理岗位
25	水政监察类	水政监察岗位
26	运行类	运行负责岗位
27		灌溉排水渠道及建筑物运行岗位
28		灌溉排水调配岗位
29		水费计收岗位
30		机电设备运行岗位
31		信息系统运行岗位
32	观测类	灌溉排水渠道和建筑物安全监测岗位
33		测水量水岗位
34		水质及泥沙监测岗位
35		地下水观测岗位
	辅助类	

10.2 单位负责类

10.2.1 单位负责岗位

1. 主要职责

(1)贯彻执行国家的有关法律、法规、方针政策及上级主管部门的决定、指令。

(2)全面负责行政、业务工作,保障工程和灌溉排水运行安全,充分发挥工程效益。

(3)组织制定和实施单位的发展规划及年度计划,建立健全各项规章制度,不断提高运行管理水平。

(4)推动科技进步和管理创新,加强职工教育,提高职工队伍素质。

(5)协调处理各种关系,完成上级交办的其他工作。

2.任职条件

(1)水利类或相关专业大专毕业及以上学历。

(2)取得中级及以上技术职称任职资格,并经相应岗位培训合格。

(3)掌握《中华人民共和国水法》等国家有关法律、法规、方针政策;掌握水利工程管理的基本知识;熟悉相关技术标准和灌区基本情况;具有较强的组织协调、决策和语言表达能力。

10.2.2 技术总负责岗位

1.主要职责

(1)贯彻执行国家有关法律、法规和相关技术标准。

(2)全面负责技术管理工作,掌握工程运行状况,保障工程安全和效益发挥。

(3)组织制定、审查、实施科技发展规划与年度计划。

(4)组织制订灌溉排水调度运行方案、工程技术改造方案和养护修理计划;审定工程、设备操作运行规程;组织重要工程检查、安全评价、技术咨询和项目验收;审查防洪和事故抢险技术方案。

(5)组织开展有关工程管理的科技开发和成果的推广应用,指导职工技术培训、考核及科技档案工作。

2.任职条件

(1)水利或土木工程类本科毕业及以上学历。

(2)取得工程师及以上技术职称任职资格,并经相应岗位培训合格。

(3)熟悉《中华人民共和国水法》等有关法律、法规和相关技术标准;掌握灌溉排水规划、工程设计、施工和管理等专业知识;了解国内外科技发展动态;具有较强的组织协调、技术决策和语言文字表达能力。

10.2.3 财务与资产总负责岗位

1. 主要职责

(1)贯彻执行国家财政、金融、经济等有关法律、法规。

(2)负责财务、会计、物资管理以及资产管理。

(3)组织制定并实施经济发展规划和财务年度计划,建立健全资产管理的各项规章制度。

(4)负责财务与资产运营管理工作。

2. 任职条件

(1)财经类大专毕业及以上学历。

(2)取得会计师或经济师及以上技术职称任职资格,并经相应岗位培训合格。

(3)掌握财经方面的有关法律、法规和专业知识;熟悉水利工程经济活动的基本内容;具有指导财务与资产管理工作的能力。

10.3 行政管理类

10.3.1 行政事务负责与管理岗位

1. 主要职责

(1)贯彻执行国家的有关法律、法规及上级部门的有关规定。

(2)组织制定各项行政管理规章制度并监督实施。

(3)负责管理行政事务、文秘、档案等工作。

(4)负责并承办行政事务、公共事务及后勤服务等工作。

(5)协调处理各种关系,完成领导交办的其他工作。

2. 任职条件

(1)高中毕业及以上学历,并经相应岗位培训合格。

(2)熟悉行政管理专业知识;了解灌区管理的基本知识;具有较强的组织协调及较好的语言文字表达能力。

10.3.2　文秘与档案管理岗位

1.主要职责

（1）遵守国家有关文秘、档案方面的法律、法规及上级主管部门的有关规定。

（2）承担公文起草、文件运转等文秘工作；承担档案管理工作。

（3）承担收集信息、宣传报道，协助办理有关行政事务管理等具体工作。

2.任职条件

（1）水利或文秘、档案类中专或高中毕业及以上学历，并经相应岗位培训合格。

（2）熟悉国家的有关法律、法规和上级部门的有关规定；掌握文秘、档案管理等专业知识；了解灌区管理基本知识；具有一定政策水平和较强的语言文字表达能力。

10.3.3　人事劳动教育负责与管理岗位

1.主要职责

（1）贯彻执行劳动、人事、社会保障的有关法律、法规及上级主管部门的有关规定。

（2）负责并承办人事、劳动、教育、安全生产、社会保险等管理工作。

（3）负责并承办灌区管理体制改革、规章制度制定及目标考核等工作。

（4）承办职工岗位培训，专业技术职称和工人技术等级的申报评聘。

（5）负责并承办离退休人员的管理工作。

2.任职条件

（1）中专毕业及以上学历。

（2）取得初级及以上技术职称任职资格，并经相应岗位培训合格。

（3）掌握人事、劳动、教育及行政管理的基本知识；熟悉本单位的人事、劳动、教育和管理情况;具有一定的政策水平和组织协调能力。

10.4 技术管理类

10.4.1 工程技术管理负责岗位

1.主要职责

(1)贯彻执行国家有关法律、法规和相关技术标准。

(2)负责工程技术管理,掌握工程运行状况,及时处理主要技术问题。

(3)组织编制并落实工程管理规划和更新改造、养护修理计划。

(4)负责工程养护修理质量管理,并参与验收。

(5)负责续建配套技术改造项目立项申报的相关工作,参与工程实施中的有关管理工作。

(6)负责工程的运行安全,组织工程防洪抢险和隐患、事故的调查处理。

(7)组织开展有关工程管理新技术的应用推广工作。

(8)组织工程技术资料的收集、整理、分析和归档工作。

2.任职条件

(1)水利或土木工程类本科毕业及以上学历。

(2)取得工程师及以上技术职称任职资格,经相应岗位培训合格。

(3)熟悉国家有关法律、法规和相关技术标准;掌握工程规划、设计、施工、运行管理的基本知识;熟悉灌区的工程状况;具有较强的组织协调能力。

10.4.2 工程技术管理岗位

1.主要职责

(1)遵守国家有关法律、法规和相关技术标准。

(2)承办工程技术管理工作,及时上报或处理技术问题。

(3)承办工程养护修理的质量监管等工作。

(4)承办工程技术资料的整理、归档。

2.任职条件

(1)水利或土木工程类大专毕业及以上学历。

(2)取得助理工程师及以上技术职称任职资格,并经相应岗位培训合格。

(3)熟悉工程规划、设计及施工管理技术规程、规范、标准;掌握工程规划、设计及施工的基本知识;具有分析、解决工程管理技术问题的能力。

10.4.3　工程安全及防汛管理岗位

1.主要职责

(1)遵守国家有关法律、法规和相关技术标准。

(2)承办工程安全检查和隐患、事故的处理。

(3)承担工程安全监测等技术管理工作。

(4)承办工程安全运行资料的整理和归档工作。

(5)承办防汛方(预)案的编制及实施工作。

2.任职条件

(1)水利或土木工程类中专毕业及以上学历。

(2)取得初级及以上技术职称任职资格,并经相应岗位培训合格。

(3)熟悉国家有关安全运行、防汛等技术标准;掌握工程运行的基本知识;熟悉灌区的工程状况;具有分析、处理工程安全运行中出现的技术问题的能力。

10.4.4　工程规划计划管理岗位

1.主要职责

(1)遵守国家有关法律、法规及上级主管部门的有关规定。

(2)承办工程规划和年度计划的编制。

(3)承办续建配套技术改造项目立项申报的相关工作及养护

修理的合同管理。

(4)承办工程规划、计划资料的整理、归档工作。

2.任职条件

(1)水利或土木工程类大专毕业及以上学历。

(2)取得初级及以上技术职称任职资格,并经相应岗位培训合格。

(3)熟悉工程规划、设计、运行管理技术标准;掌握规划、设计和运行的基本知识;具有计划、合同管理等方面工作能力。

10.4.5 水土资源及环境管理岗位

1.主要职责

(1)遵守国家有关法律、法规及上级主管部门的有关规定。

(2)承办工程保护范围的划定和管理范围内的土地、水域、渠系、林木等资源开发、利用的规划和计划编制并组织实施。

(3)参与灌区水源保护、污染源监控和治理等管理工作。

(4)承办灌区征地、占地、迁移及补偿等有关工作。

2.任职条件

(1)水利、农林类或相关专业中专毕业及以上学历。

(2)取得初级及以上技术职称任职资格,并经相应岗位培训合格。

(3)熟悉水土资源及环境管理等有关法律、法规和政策;掌握水土资源管理及环境管理相关知识;具有一定的组织协调和管理能力。

10.4.6 统计岗位

1.主要职责

(1)遵守国家有关统计方面的法律、法规及上级主管部门的有关规定。

(2)承办灌溉排水管理、工程建设、工程运行管理和灌区农业、社会经济等相关统计工作。

(3)承办统计报表的编制和统计资料的整理、归档工作。

2．任职条件

(1)统计、经济类或相关专业中专毕业及以上学历。

(2)取得初级及以上技术职称任职资格，并经相应岗位培训合格。

(3)熟悉国家有关法律、法规和规定；掌握灌溉排水、工程管理等基本知识。

10.4.7 灌溉排水管理负责岗位

1．主要职责

(1)贯彻执行国家有关法律、法规和相关技术标准。

(2)组织制订灌区灌溉排水方案和计划。

(3)组织灌溉排水调度管理工作。

(4)负责灌溉排水水质和水量的监测。

(5)参与协调用水纠纷，处理用水矛盾。

(6)负责灌溉排水水量的结算。

(7)负责灌溉排水技术资料的整理、分析和归档。

2．任职条件

(1)水利类本科毕业及以上学历。

(2)取得中级及以上技术职称任职资格，并经相应岗位培训合格。

(3)熟悉国家有关法律、法规和相关技术标准；掌握工程运行、管理等相关知识；掌握灌区的社会、农业经济状况；具有较强的组织协调和分析、处理问题的能力。

10.4.8 灌溉排水管理岗位

1．主要职责

(1)遵守国家有关法律、法规和相关技术标准。

(2)承办灌溉排水方案和计划的制定。

(3)承办灌溉排水实时调度，协调用水关系。

(4)承办灌溉排水效益的分析、总结及资料的整理、归档工作。

2.任职条件

(1)水利类大专毕业及以上学历。

(2)取得初级及以上技术职称任职资格,并经相应岗位培训合格。

(3)熟悉国家有关法律、法规和相关技术标准;掌握工程运行、管理等相关知识;了解灌区的水资源、社会和农业经济状况;具有一定的组织协调能力和语言文字表达能力。

10.4.9　灌溉排水计量管理岗位

1.主要职责

(1)遵守国家有关法律、法规和相关技术标准。

(2)承担灌溉排水的计量管理工作。

(3)组织建立用水户(单位)资料,及时统计、分析灌溉排水水量及定额。

(4)参与水费计收工作。

2.任职条件

(1)水利类或相关专业大专毕业及以上学历。

(2)取得初级及以上技术职称任职资格,并经相应岗位培训合格。

(3)熟悉国家有关法律、法规和相关技术标准;掌握灌溉排水工程运行、管理等相关知识;具有一定的组织协调能力和语言文字表达能力。

10.4.10　灌溉排水水质管理岗位

1.主要职责

(1)遵守国家有关法律、法规和相关技术标准。

(2)承担灌溉排水水质的监测管理工作。

(3)承办灌溉排水水质监测资料的汇总、分析、归档及报告编制工作。

2.任职条件

（1）相关类中专毕业及以上学历。

（2）取得初级及以上技术职称任职资格,并经相应岗位培训合格。

（3）熟悉国家有关环境保护、灌溉排水水质方面的法规和相关技术标准;掌握灌区的水资源和灌溉排水的环境状况;具有一定的组织协调和语言文字表达能力。

10.4.11　科技管理负责岗位

1.主要职责

（1）贯彻执行国家有关法律、法规和相关技术标准。

（2）负责组织新技术的开发、引进、试验研究及推广工作。

（3）负责灌溉试验、节水技术的普及推广等工作。

（4）负责信息和自动化系统建设及管理工作。

2.任职条件

（1）水利、土木、通讯或计算机类本科毕业及以上学历。

（2）取得中级及以上技术职称任职资格,并经相应岗位培训合格。

（3）熟悉国家有关法律、法规和相关技术标准;掌握科技及信息管理的有关知识;了解灌区现代管理的科技动态;具有一定的组织协调和语言文字表达能力。

10.4.12　灌溉试验管理岗位

1.主要职责

（1）遵守国家有关法律、法规和相关的技术标准。

（2）承担灌溉试验的技术管理工作。

（3）承办灌溉试验计划的编制并组织实施,指导灌区科学合理灌溉。

（4）承办灌溉试验的资料分析、整理、归档及成果的申报管理工作。

2. 任职条件

(1)水利、农业类或相关专业大专毕业及以上学历。

(2)取得初级及以上技术职称任职资格,并经相应岗位培训合格。

(3)掌握灌溉排水技术知识,熟悉相关技术标准;了解灌溉排水工程运行、管理等相关知识;具有一定的语言文字表达能力。

10.4.13 节水灌溉技术管理岗位

1. 主要职责

(1)遵守国家有关法律、法规和相关的技术标准。

(2)承担节水灌溉技术的调研、引进、分析、总结等工作。

(3)承办节水灌溉技术的普及推广和培训工作。

2. 任职条件

(1)水利或相关专业大专毕业及以上学历。

(2)取得初级及以上技术职称任职资格,并经相应岗位培训合格。

(3)掌握灌溉排水技术知识,熟悉相关技术标准;了解灌溉排水工程运行、管理等相关知识;具有一定的语言文字表达能力。

10.4.14 信息系统管理岗位

1. 主要职责

(1)遵守国家有关法律、法规及相关的技术标准。

(2)承担灌区信息化系统、自动化测报及控制系统、网络及办公自动化系统等技术管理工作。

(3)参与处理设备运行、维护中的技术问题。

(4)参与工程信息化系统、自动化设备、设施的技术改造工作。

2. 任职条件

(1)通信、计算机类或相关专业大专毕业及以上学历。

(2)取得初级及以上技术职称任职资格,并经相应岗位培训合格。

(3)掌握通信、网络及自动化技术等基本知识;掌握灌区管理、运行等方面的有关知识;具有处理信息及自动化系统方面常见技术问题的能力。

10.5 财务与资产管理类

10.5.1 财务与资产管理负责岗位

1. 主要职责

(1)贯彻执行国家有关财务、会计、经济和资产管理方面的法律、法规和有关规定。

(2)负责财务和资产管理工作。

(3)建立健全财务和资产管理的规章制度,并负责组织实施、检查、监督。

(4)组织编制财务收支计划和年度预决算。

(5)负责有关投资和资产运营管理工作。

(6)负责水价及水费计收管理工作。

2. 任职条件

(1)财经类大专毕业及以上学历。

(2)取得会计师或经济师及以上技术职称任职资格,具有3年以上财务和资产管理工作经历,并经相应岗位培训合格。

(3)掌握财会、金融、工商、税务和投资等方面的基本知识;熟悉灌区管理的基本知识;了解现代经济管理的基本知识;具有较高的政策水平和较强的组织协调能力。

10.5.2 会计与水费管理岗位

1. 主要职责

(1)遵守《中华人民共和国会计法》及有关法律、法规。

(2)承办会计业务工作,进行会计核算,保证会计凭证、账簿、报表及其他会计资料的真实、准确、完整。

(3)建立健全会计核算和相关管理制度,保证会计工作依法进行。

(4)参与编制财务收支计划和年度预决算报告,编制会计报告。

(5)承担会计档案保管和归档工作。

(6)承办灌溉排水成本测算、价格调整方案的申报,提出水费计收管理意见,并组织灌区水费计收。

(7)承办灌区灌溉排水成本、水价的调查、统计分析和水价政策的宣传及培训。

2.任职条件

(1)财经类中专毕业及以上学历。

(2)取得助理会计师或助理经济师及以上技术职称任职资格,并经相应岗位培训合格,持证上岗。

(3)掌握财务、会计、工商、税务、物价等方面的基本知识和有关规定,了解灌区管理的基本知识,能解决会计工作中的实际问题。

(4)熟悉国家有关灌溉排水成本和灌溉排水价格管理的法律、法规;掌握灌溉排水计量、水费计收的基本知识,了解工程设施及灌溉排水状况;具有一定的组织协调和分析能力。

10.5.3 出纳岗位

1.主要职责

(1)遵守《中华人民共和国会计法》等法律、法规,执行《水利工程管理单位财务制度》和《水利工程管理单位会计制度》。

(2)根据审核签章的记账凭证,办理现金、银行存款的收付结算业务。

(3)及时登记现金、银行日记账,做到日清月结,账实相符。

(4)管理支票、库存现金及有价证券。

(5)参与编制财务收支计划和年度预算与决算报告。

2.任职条件

(1)财会类中专毕业及以上学历。

(2)取得会计员及以上专业技术职称任职资格,并经相应岗位培训合格,持证上岗。

(3)了解财务、会计、金融、工商、税务、物价等方面的基本知识;了解灌区工程管理的基本情况;坚持原则,工作认真细致。

10.5.4 物资及器材管理岗位

1.主要职责

(1)遵守有关规章制度与规定。

(2)承办工程建设、防汛器材等主要材料的选择、询价、采购、保管等工作。

(3)承担物资、器材的质量检验工作。

2.任职条件

(1)高中毕业及以上学历。

(2)取得中级工及以上技术等级资格,并经相应岗位培训合格,持证上岗。

(3)熟悉有关物资及主要建筑材料的类别、质量要求、市场价格等。

10.6 水政监察类

10.6.1 水政监察岗位

1.主要职责

(1)宣传贯彻《中华人民共和国水法》、《中华人民共和国水土保持法》、《中华人民共和国防洪法》、《中华人民共和国水污染防治法》等法律、法规。

(2)负责并承担管理范围内水资源、水域、生态环境及水利工程或设施等的保护工作。

(3)负责并承担对水事活动进行监督检查,维护正常的水事秩序,对公民、法人或其他组织违反水法规的行为实施行政处罚或采取其他行政措施。

(4)配合公安和司法部门查处水事治安和刑事案件。

(5)受水行政主管部门委托,负责办理行政许可和征收行政事业性规费等有关事宜。

2.任职条件

(1)高中毕业及以上学历,并经相应岗位培训合格。

(2)掌握国家有关法律、法规;了解水利管理方面的专业知识;具有协调、处理水事纠纷的能力。

10.7 运行类

10.7.1 运行负责岗位

1.主要职责

(1)遵守各项规章制度和操作规程、技术标准。

(2)组织实施运行作业。

(3)负责指导、检查、监督运行作业,保证工作质量和安全,发现问题及时报告和处理。

(4)负责运行工作原始记录的检查、复核和归档工作。

2.任职条件

(1)水利、机械、电气类中专及以上学历。

(2)取得初级技术职称任职资格或高级工及以上技术等级资格,并经相应岗位培训合格。

(3)熟悉机械、电气、通信、量水及工程建筑物等方面的基本知识;能按操作规程组织运行作业,能处理运行中的常见故障;具有较强的组织协调能力。

10.7.2 灌溉排水渠道及建筑物运行岗位

1.主要职责

(1)遵守各项规章制度与安全运行规程。

(2)严格按渠、林、路巡护管理制度及建筑物操作调度指令运行作业。

(3)承办灌溉排水渠道及建筑物管护范围内的日常检查、维护工作,及时报告和处理运行中的异常现象或故障。

(4)填报、整理运行值班记录。

2.任职条件

(1)技校或高中毕业及以上学历。

(2)取得中级工及以上技术等级资格,并经相应岗位培训合格,持证上岗。

(3)掌握灌溉排水渠道与建筑物结构和运行等方面的基本知识;熟悉灌溉排水渠道与建筑物的运行操作规程;具有发现、处理运行中常见故障的能力。

10.7.3 灌溉排水调配岗位

1.主要职责

(1)遵守灌溉排水调度的规章制度。

(2)按灌溉排水计划和调度指令调配渠道水量。

(3)承担管理渠段的水量交接及调配。

(4)填报、整理灌溉排水水量的有关原始记录。

2.任职条件

(1)中专毕业及以上学历。

(2)取得初级技术职称任职资格或高级工及以上技术等级资格,并经相应岗位培训合格。

(3)掌握渠道及建筑物结构、运行和测水量水方面的基本知识;熟悉灌区各种水源、灌溉排水渠道和用水户的基本情况;具有处理灌溉排水调度运行中常见问题的能力。

10.7.4 水费计收岗位

1. 主要职责

(1)执行国家的水价政策和水费计收的有关规定。

(2)承担用水户水量结算及水费计收工作。

(3)承办填报水费计收的报表,管理水费专用票据。

2. 任职条件

(1)高中毕业及以上学历。

(2)取得中级工及以上技术等级资格,并经相应岗位培训合格,持证上岗。

(3)掌握灌溉排水管理的基本知识;熟悉水量结算与水费计收的相关知识;了解财务管理的有关法规和政策规定。

10.7.5 机电设备运行岗位

1. 主要职责

(1)遵守规章制度与操作规程。

(2)承担各种机电设备的运行操作。

(3)承担机电设备及其附属设施的日常检查和维护,发现问题及时报告或处理。

(4)填报、整理运行值班记录。

2. 任职条件

(1)机械、电子类技校毕业及以上学历。

(2)取得中级工及以上技术等级资格,并经相应岗位培训合格,持证上岗。

(3)掌握电工基础知识和机电设备操作技能;熟悉机电设备的安装、调试及维护基本知识;能及时处理常见故障。

10.7.6 信息系统运行岗位

1. 主要职责

(1)遵守规章制度与安全操作规程。

(2)承担通信及信息、自动化系统的运行操作。

（3）承担通信及信息、自动化设备的日常检查与维护,发现问题及时处理。

（4）填报、整理运行值班记录。

2.任职条件

（1）通信、计算机类或相关专业中专毕业及以上学历。

（2）取得初级技术职称任职资格或中级工及以上技术等级资格,并经相应岗位培训合格,持证上岗。

（3）掌握通信、网络及自动化技术等操作技能;熟悉信息系统的安装、调试及维护的基本知识;具有处理常见故障的能力。

10.8 观测类

10.8.1 灌溉排水渠道和建筑物安全监测岗位

1.主要职责

（1）遵守规章制度与相关技术标准。

（2）承担渠道与建筑物的检查和安全监测工作。

（3）填写、保存监测原始记录并进行资料整理。

（4）承担监测设备的日常检查与维护工作。

2.任职条件

（1）水利类技校毕业及以上学历。

（2）取得初级工及以上技术等级资格,并经相应岗位培训合格,持证上岗。

（3）掌握灌溉排水渠道和建筑物安全监测的基本知识;熟悉观测设备、仪器的性能及其日常保养方法;具有处理观测中常见问题的能力。

10.8.2 测水量水岗位

1.主要职责

（1）遵守测水量水的有关规章制度与有关技术标准。

(2)承担测水量水工作。

(3)参与灌区计量设施校测工作。

(4)填写、保存测水量水的原始记录,并进行资料整理工作。

(5)承担量测仪器、设备的日常维护、保养工作。

2.任职条件

(1)水利类技校毕业及以上学历。

(2)取得初级工及以上技术等级资格,并经相应岗位培训合格,持证上岗。

(3)掌握测水量水基本知识,熟悉量测设备、仪器性能及日常维护、保养方法;具有处理测水量水中常见问题的能力。

10.8.3 水质及泥沙监测岗位

1.主要职责

(1)遵守有关规章制度与水质监测有关规程。

(2)承担水质及泥沙监测工作。

(3)填写、保存原始记录,并进行资料整理。

(4)承担水质及泥沙监测仪器设备的日常维护、保养工作。

2.任职条件

(1)相关专业技校毕业及以上学历。

(2)取得初级工及以上技术等级资格,并经相应岗位培训合格,持证上岗。

(3)掌握水质及泥沙监测和仪器设备的基本知识;熟悉水质及泥沙监测仪器设备的性能及其日常保养方法;具有处理水质监测中常见问题的能力。

10.8.4 地下水观测岗位

1.主要职责

(1)遵守规章制度与地下水观测有关规程。

(2)承担灌区地下水观测工作。

(3)负责填写、保存原始记录并进行资料整理。

（4）承担地下水观测仪器设备的日常维护和保养工作。

2.任职条件

（1）相关专业技校毕业及以上学历。

（2）取得初级工及以上技术等级资格,并经相应岗位培训合格,持证上岗。

（3）掌握地下水观测和仪器设备的基本知识;熟悉地下水观测仪器设备性能和使用、保养方法;具有处理地下水观测中常见问题的能力。

11 大中型灌区工程管理单位岗位定员

11.1 定员级别

11.1.1 大中型灌区工程定员级别按表11.1.1的规定确定。

表 11.1.1 大中型灌区工程定员级别

定员级别	设计灌溉面积(万亩)
1	≥300
2	<300 ≥100
3	<100 ≥30
4	<30 ≥10
5	<10 ≥1

注:有效灌溉面积达不到设计灌溉面积三分之二的灌区,则按有效灌溉面积确定定员级别。

11.2 岗位定员

11.2.1 大中型灌区工程管理单位岗位定员总和(Z)按下式计算:

$$Z = G + S + F \qquad (11.2.1)$$

式中　Z——岗位定员总和(人);

　　　G——单位负责、行政管理、技术管理、财务与资产管理、水政监察类岗位定员数之和(人);

　　　S——运行、观测类岗位定员数之和(人);

　　　F——辅助类岗位定员(人)。

11.2.2　单位负责、行政管理、技术管理、财务与资产管理及水政监察类岗位定员数之和(G)按下式计算:

$$G = \sum_{i=1}^{25} G_i \qquad (11.2.2)$$

式中　G_i——单位负责、行政管理、技术管理、财务与资产管理及水政监察类各岗位定员,按表11.2.2的规定确定。

11.2.3　运行、观测类岗位定员总数(S)按下式计算:

$$S = \sum_{i=1}^{10} S_i \qquad (11.2.3)$$

式中　S_i——运行、观测类各岗位定员(人)。

11.2.4　运行负责岗位定员(S_1)按下式计算:

$$S_1 = k_1 S_2 \qquad (11.2.4)$$

式中　k_1——运行负责岗位定员系数,取0.05~0.1;对于自动化程度较高的灌区,k_1值取下限。

11.2.5　灌溉排水渠道及建筑物运行岗位定员(S_2)按下式计算:

$$S_2 = A + B \qquad (11.2.5)$$

式中　A——灌溉排水渠道运行岗位定员(人);

　　　B——建筑物运行岗位定员(人)。

　　1.灌溉排水渠道运行岗位定员按下式计算:

$$A = (k_2 L_1 / 10 + k_3 L_2) J_1 \qquad (11.2.5\text{-}1)$$

式中　J_1——灌溉排水渠道运行岗位定员基数,1人;

　　　k_2——灌溉渠道运行岗位定员系数,按表11.2.5-1确定;

表11.2.2 单位负责、行政管理、技术管理、财务与资产管理及水政监察类岗位定员 （单位：人）

岗位类别	岗位名称	G_i	定员级别				
			1	2	3	4	5
单位负责类	单位负责岗位	G_1	4~6	3~4	2~3	1~2	1~2
	技术总负责岗位	G_2					
	财务与资产总负责岗位	G_3					
行政管理类	行政事务负责与管理岗位	G_4	4~8	3~4	2~3	1~3	1~3
	文秘与档案管理岗位	G_5					
	人事劳动教育负责与管理岗位	G_6	3~5	2~3	1~2		
技术管理类	工程技术管理负责岗位	G_7	11~14	8~11	3~8	2~3	
	工程技术管理岗位	G_8					
	工程安全及防汛管理岗位	G_9					
	工程规划计划管理岗位	G_{10}					
	水土资源及环境管理岗位	G_{11}					
	统计岗位	G_{12}					
	灌溉排水管理负责岗位	G_{13}	9~13	7~9	4~7	1~7	
	灌溉排水管理岗位	G_{14}					
	灌溉排水计量管理岗位	G_{15}					
	灌溉排水水质管理岗位	G_{16}					
	科技管理负责岗位	G_{17}	9~11	6~9	3~6		
	灌溉试验管理岗位	G_{18}					
	节水灌溉技术管理岗位	G_{19}					
	信息系统管理岗位	G_{20}					
财务与资产管理类	财务与资产管理负责岗位	G_{21}	7~10	6~7	3~6	2~3	1~3
	会计与水费管理岗位	G_{22}					
	出纳岗位	G_{23}					
	物资及器材管理岗位	G_{24}					
水政监察类	水政监察岗位	G_{25}	5~7	3~5	2~3	1~2	

L_1——灌溉渠道长度(km)；

k_3——排水渠道运行岗位定员系数，取 $0.01~0.02$；

L_2——1m³/s以上排水渠道长度(km)。

表 11.2.5-1　灌溉渠道运行岗位定员系数

渠道设计流量 $Q(\mathrm{m}^3/\mathrm{s})$	渠道类型			
	平原		山区	
	衬砌	土渠	衬砌	土渠
$1 \leqslant Q < 10$	0.5~0.7	0.6~0.8	0.6~0.8	0.7~0.9
$10 \leqslant Q < 30$	0.7~0.8	0.8~0.9	0.8~0.9	0.9~1.0
$Q \geqslant 30$	0.8~0.9	0.9~1.0	0.9~1.0	1.0~1.1

2. 建筑物运行岗位定员按下式计算：

$$B = k_4 k_5 n J_2 \qquad (11.2.5-2)$$

式中　J_2——建筑物运行岗位定员基数，1 人；

　　　n——设计流量 1 m^3/s 以上渠道上的过闸流量大于等于 0.2 m^3/s 的水闸座数；

　　　k_4——建筑物运行岗位定员系数，按表 11.2.5-2 确定；

　　　k_5——渠道建筑物运行岗位定员修正系数，平原取 1，山区取 1.0~1.3。

表 11.2.5-2　建筑物运行岗位定员系数

水闸设计流量 $Q(\mathrm{m}^3/\mathrm{s})$	$0.2 \leqslant Q < 1$	$1 \leqslant Q < 10$	$10 \leqslant Q < 30$	$30 \leqslant Q < 100$
k_4	0.05~0.1	0.1~0.3	0.3~1	1~2

11.2.6　灌溉排水调配岗位定员（S_3）按下式计算：

$$S_3 = k_6 B \qquad (11.2.6)$$

式中　k_6——灌溉排水调配岗位定员系数，按表 11.2.6 确定。

表 11.2.6　灌溉排水调配岗位定员系数

定员级别	1	2	3	4	5
k_6	0.08	0.1	0.12	0.14	0.16

11.2.7　水费计收岗位定员（S_4）按下式计算：

$$S_4 = k_7 W J_3 \tag{11.2.7}$$

式中　J_3——水费计收岗位定员基数，1 人；

　　　k_7——水费计收岗位定员系数，取 0.1～0.3，对不直接收费到用水户的该岗位，k_7 取下限；

　　　W——灌区有效灌溉面积（万亩）。

11.2.8　机电设备运行岗位定员（S_5）按下式计算：

$$S_5 = J_4 T / 8 \tag{11.2.8}$$

式中　J_4——机电设备运行岗位定员基数，1 人；

　　　T——成套机电设备数量。

11.2.9　信息系统运行岗位定员（S_6）按灌区设立电话程控交换设备或具备局域网服务器等工作站的站点数设定，每个站点岗位定员 1～2 人。

11.2.10　灌溉排水渠道与建筑物安全监测岗位定员（S_7）根据工程的特殊需要确定，每个安全监测点设 1～2 人。

11.2.11　测水量水岗位定员（S_8）按下式计算：

$$S_8 = (k_8 P_1 + k_9 P_2) J_5 \tag{11.2.11}$$

式中　J_5——测水量水岗位定员基数，1 人；

　　　P_1——固定缆、桥观测点数；

　　　P_2——量水的水位观测点数；

　　　k_8——固定缆、桥观测岗位定员系数，缆测取 2.0，桥测取 0.5；

k_9——量水的水位观测岗位定员系数,取 0.02～0.05,本岗位的管理对象达到自动监测的条件下,k_9 取下限值。

11.2.12 水质及泥沙监测岗位定员(S_9)按下式计算:

$$S_9 = k_{10} P_3 J_6 \qquad (11.2.12)$$

式中　J_6——水质及泥沙监测岗位定员基数,1 人;

　　　P_3——水质及泥沙取样点数;

　　　k_{10}——水质及泥沙监测岗位定员系数,取 0.03～0.05。

11.2.13 地下水观测岗位定员(S_{10})按下式计算:

$$S_{10} = k_{11} P_4 J_7 \qquad (11.2.13)$$

式中　J_7——地下水观测岗位定员基数,1 人;

　　　P_4——灌区特设地下水观测井数量;

　　　k_{11}——地下水观测岗位定员系数,取 0.02～0.05。

11.2.14 辅助类岗位定员(F)按下式计算:

$$F = q(G + S) \qquad (11.2.14)$$

式中　q——辅助类岗位定员比例系数,取 0.05～0.08。

12 大中型泵站工程管理单位岗位设置

12.1 岗位类别及名称

12.1.1 大中型泵站工程管理单位的岗位类别及名称见表12.1.1。

表 12.1.1 大中型泵站工程管理单位岗位类别及名称

序号	岗位类别	岗位名称
1	单位负责类	单位负责岗位
2		技术总负责岗位
3		财务与资产总负责岗位
4	行政管理类	行政事务负责与管理岗位
5		文秘与档案管理岗位
6		人事劳动教育管理岗位
7		安全生产管理岗位
8	技术管理类	工程技术管理负责岗位
9		灌溉排水调度管理岗位
10		机械设备管理岗位
11		电气设备及自动化系统管理岗位
12		水工建筑物管理岗位
13		水土资源管理岗位
14		计划与统计岗位
15	财务与资产管理类	财务与资产管理负责岗位
16		财务与资产管理岗位
17		物资管理岗位
18		会计与水费管理岗位
19		出纳岗位

序号	岗位类别	岗位名称
20	水政监察类	水政监察岗位
21	运行类	泵站运行负责岗位
22		主机组及辅助设备运行岗位
23		电气设备运行岗位
24		高压变电系统运行岗位
25		水工建筑物作业岗位
26		闸门、启闭机及拦污清污设备运行岗位
27		监控系统运行岗位
28		通信设备运行岗位
29		水量计量岗位
30	观测类	水工建筑物安全监测岗位
31		机械、电气设备安全监测岗位
32		水质、泥沙监测岗位
	辅助类	

12.2 单位负责类

12.2.1 单位负责岗位

1. 主要职责

(1)贯彻执行国家有关法律、法规、方针政策及上级主管部门的决定、指令。

(2)全面负责行政、业务工作,建立健全各项规章制度,保障工程安全,不断提高管理水平。

(3)组织制定、实施单位的发展规划及年度工作计划,组织泵站技术经济指标考核,充分发挥工程效益。

(4)推动科技进步和管理创新,加强职工教育,提高职工队伍素质。

(5)协调处理各种关系,完成上级交办的其他工作。

2.任职条件

(1)大专毕业及以上学历。

(2)取得中级及以上技术职称任职资格,并经相应岗位培训合格。

(3)掌握《中华人民共和国水法》等法律、法规和《泵站技术规范》等技术标准;掌握水利工程管理方面的基本知识,熟悉与泵站工程有关的机械、电气、水工等知识;具有较强的组织协调、决策和语言表达能力。

12.2.2 技术总负责岗位

1.主要职责

(1)贯彻执行国家有关法律、法规和相关技术标准。

(2)全面负责技术管理工作,掌握工程运行状况,保障工程安全和效益发挥。

(3)组织制定、实施科技发展规划与年度计划。

(4)组织制订工程调度运行方案、技术改造方案及养护修理计划;组织或参与工程验收工作,指导防洪抢险技术工作。

(5)组织开展有关工程管理的科技开发和成果的推广应用,指导职工技术培训、考核及科技档案管理工作。

(6)组织并参与工程设施事故的调查处理,提出有关技术报告。

2.任职条件

(1)水利类或相关专业本科毕业及以上学历。

(2)取得工程师及以上技术职称任职资格,并经相应岗位培训合格。

(3)熟悉《中华人民共和国水法》等有关法律、法规和相关技术标准;掌握泵站工程及水资源、农田水利专业等基本知识;了解国内外现代化管理的动态。

（4）具有较强的组织协调、技术决策及语言文字表达能力。

12.2.3 财务与资产总负责岗位

1．主要职责

（1）贯彻执行国家财政、金融、经济等有关法律、法规。

（2）负责财务、会计、物资与资产管理。

（3）组织制定、执行本单位经济发展规划和财务年度计划，建立健全财务与资产管理的各项规章制度。

（4）负责财务与资产运营管理。

（5）负责经济指标考核。

2．任职条件

（1）财经类大专毕业及以上学历。

（2）取得会计师或经济师及以上技术职称任职资格，并经相应岗位培训合格。

（3）掌握财经方面的有关法律、法规和专业知识；熟悉水利工程经济活动的基本内容；具有指导财务与资产管理工作的能力。

12.3 行政管理类

12.3.1 行政事务负责与管理岗位

1．主要职责

（1）贯彻执行国家有关法律、法规及上级部门的有关规定。

（2）负责管理行政事务、文秘、档案等工作。

（3）组织制定、实施各项行政管理规章制度。

（4）负责人事、劳动工资、组织、教育、安全生产、社会保险及离退休人员管理等。

（5）承办行政、公共事务及后勤服务等工作。

（6）协调处理各种关系，完成领导交办的其他工作。

2．任职条件

(1)高中毕业及以上学历,并经相应岗位培训合格。

(2)熟悉公共事务、行政、人事、劳动工资、教育、管理等专业基本知识;了解工程管理的基本知识;具有一定的组织协调能力和语言、文字表达能力。

12.3.2 文秘与档案管理岗位

1．主要职责

(1)遵守国家有关文秘、档案方面的法律、法规及上级主管部门的有关规定。

(2)承担公文起草、文件运转等文秘工作;承担档案管理工作。

(3)承担收集信息、宣传报道,协助办理有关行政事务管理等具体工作。

2．任职条件

(1)水利或文秘、档案类中专或高中毕业及以上学历,并经相应岗位培训合格。

(2)熟悉国家的有关法律、法规和上级部门的有关规定;了解工程管理的基本知识;掌握文秘、档案管理等专业知识;具有一定政策水平和较强的语言文字表达能力。

12.3.3 人事劳动教育管理岗位

1．主要职责

(1)遵守劳动、人事、社会保障的有关法律、法规及上级主管部门的有关规定。

(2)承办人事、劳动、教育、安全生产及社会保险等管理的工作。

(3)承办职工岗位培训、专业技术职称和工人技术等级的申报评聘等工作。

(4)承办离退休人员管理工作。

2．任职条件

(1)中专毕业及以上学历。

（2）取得初级及以上技术职称任职资格,并经相应岗位培训合格。

（3）掌握人事、劳动工资、教育管理基本知识;能处理人事、劳动工资、教育等有关业务问题;具有一定的政策水平和组织协调能力。

12.3.4 安全生产管理岗位

1．主要职责

（1）遵守国家有关安全生产方面的法律、法规和相关技术标准。

（2）负责本单位及所属工程的安全生产管理与监督工作。

（3）承办安全生产教育工作。

（4）参与制定、落实安全管理制度及技术措施。

（5）参与安全事故的调查处理及监督整改工作。

2．任职条件

（1）中专毕业及以上学历。

（2）取得初级及以上技术职称任职资格,并经相应岗位培训合格。

（3）掌握有关安全生产的法律、法规和规章制度;熟悉工程管理的基本知识;具有安全生产管理经验和分析、处理安全生产问题的能力。·

12.4 技术管理类

12.4.1 工程技术管理负责岗位

1．主要职责

（1）贯彻执行国家有关法律、法规和相关技术标准。

（2）负责工程技术管理,掌握泵站安全运行状况,及时处理主要技术问题。

（3）组织编制并落实泵站工程发展规划、年度控制运用计划、经济运行方案、防汛抗旱预案和安全技术措施。

（4）负责工程养护修理质量监管并参与有关验收工作。

（5）负责工程续建配套、节能、节水等技术改造立项申报的相关工作。

（6）开展有关工程管理的科技开发和新技术的推广应用。

（7）负责技术资料的收集与整理。

2．任职条件

（1）水利类或相关专业大专毕业及以上学历。

（2）取得工程师及以上技术职称任职资格，并经相应岗位培训合格。

（3）掌握泵站工程设计、施工、运行、管理等方面的专业知识；熟悉工程技术标准；了解泵站现代化管理的知识；具有较强的组织协调能力。

12.4.2 灌溉排水调度管理岗位

1．主要职责

（1）遵守国家有关法律、法规和相关技术标准。

（2）参与制订灌溉排水运行方案，准确掌握水雨情及泵站运行信息，科学进行灌溉排水调度。

（3）承担泵站运行、水雨情报表编制及泵站运行、水情调度资料整理。

2．任职条件

（1）水利类大专毕业及以上学历。

（2）取得初级及以上技术职称任职资格，并经相应岗位培训合格。

（3）熟悉泵站管理、水情调度等方面的相关技术标准；了解灌溉排水技术、水文、气象、水情调度和运用方面的基本知识；能处理灌溉排水调度运用中的常见技术问题，具有一定的组织协调能力。

12.4.3 机械设备管理岗位

1. 主要职责

(1)遵守国家有关法律、法规和相关技术标准。

(2)负责工程机械设备方面的管理,参与编制、实施泵站经济运行方案。

(3)承担主机组及辅助设备的检查、监测、运行、养护等技术工作,并负责资料整理和归档。

(4)负责机械设备安全运行管理,并参与事故调查,提出分析报告。

(5)参与泵站节能技术改造实施中有关技术管理。

2. 任职条件

(1)水利、机械类大专毕业及以上学历。

(2)取得初级及以上技术职称任职资格,并经相应岗位培训合格。

(3)掌握机械方面的基本知识;熟悉机械设备的性能、安装、调试技术;熟悉运行操作程序及设备安全操作规程;具有分析、处理机械设备常见故障的能力。

12.4.4 电气设备及自动化系统管理岗位

1. 主要职责

(1)遵守国家有关法律、法规和相关技术标准。

(2)负责电气设备及自动化系统、通信设施、网络及办公自动化系统等管理。

(3)承担电气设备及自动化系统、通信设施的检查、监测、运行、养护等技术工作,并负责资料整理和归档。

(4)承担电气设备及自动化系统、通信设施安全运行管理,并参与事故调查,提出分析报告。

(5)参与电气设备及自动化系统、通信设施系统的技术改造实施中的技术管理。

2．任职条件

(1)电气、通信、计算机类大专毕业及以上学历。

(2)取得初级及以上技术职称任职资格,并经相应岗位培训合格。

(3)熟悉电气、通信、网络、信息技术、自动控制等基本知识,了解工程管理、运行等方面的有关知识;了解国内外信息及自动控制技术的发展动态;具有分析处理常见技术问题的能力。

12.4.5 水工建筑物管理岗位

1．主要职责

(1)遵守国家有关法律、法规和相关技术标准。

(2)负责泵站水工建筑物的管理。

(3)承担水工建筑物检查观测、运行的技术工作。

(4)参与工程续建配套、节能、节水等技术改造实施中有关技术管理。

(5)负责水工建筑物技术资料整理、分析和归档。

2．任职条件

(1)水利类中专毕业及以上学历。

(2)取得初级及以上技术职称任职资格,并经相应岗位培训合格。

(3)熟悉工程设计、施工、管理等方面基本知识;具有分析、处理常见技术问题的能力。

12.4.6 水土资源管理岗位

1．主要职责

(1)遵守国家有关法律、法规及上级主管部门的有关规定。

(2)编制工程管理范围内土地、水域、林木等资源管理保护、开发利用的规划、计划,并组织实施。

(3)参与工程管理范围内水土保持措施的检查、监督工作。

2．任职条件

(1)水利、农林类中专毕业及以上学历。

(2)取得初级及以上技术职称任职资格,并经相应岗位培训合格。

(3)掌握水土资源管理相关知识;熟悉林草种植和病虫害防治的技术知识;具有一定的组织协调及资源开发管理能力。

12.4.7　计划与统计岗位

1．主要职责

(1)遵守国家有关法律、法规及上级主管部门的有关规定。

(2)负责计划与统计具体业务工作。

(3)参与编制工程管理的中长期规划及年度计划。

(4)承办续建配套技术改造和养护修理项目的合同管理。

(5)参与工程预(决)算及竣工验收。

2．任职条件

(1)中专毕业及以上学历。

(2)取得初级及以上技术职称任职资格,并经相应岗位培训合格。

(3)掌握国家有关法律、法规和有关规定;熟悉工程规划、设计、施工、运行、管理的基本知识;具有计划、统计、合同管理等方面的工作能力。

12.5　财务与资产管理类

12.5.1　财务与资产管理负责岗位

1．主要职责

(1)贯彻执行国家有关法律、法规和有关规定。

(2)负责财务与资产管理工作。

(3)负责建立健全财务与资产管理的规章制度,并组织实施、检查和监督。

(4)组织编制财务收支计划和年度预算,并组织实施;负责编制年度决算报告;

(5)负责有关投资和资产运营管理工作。

2．任职条件

(1)财经类大专毕业及以上学历。

(2)取得经济师或会计师及以上技术职称任职资格,并经相应岗位培训合格。

(3)掌握财会、金融、工商、税务和投资等方面的基本知识;了解泵站工程管理的基本知识;了解现代管理的基本知识;具有较高的政策水平和较强的组织协调能力。

12.5.2 财务与资产管理岗位

1．主要职责

(1)遵守国家有关法律、法规和有关规定。

(2)承办财务与资产管理业务工作。

(3)参与编制财务收支计划和年度预(决)算报告。

(4)参与有关投资和资产运营管理工作。

2．任职条件

(1)经济类中专毕业及以上学历。

(2)取得初级及以上技术职称任职资格,并经相应岗位培训合格。

(3)掌握财会和资产管理的基本知识;了解工商、税务、物价等方面的规定;具有一定的组织协调能力。

12.5.3 物资管理岗位

1．主要职责

(1)遵守国家有关法律、法规和有关规章制度。

(2)编制防汛抗旱和机械、电气设备、备品备件及油料使用计划和年度预算。

(3)承担防汛抗旱和机械、电气设备、备品备件及油料的采购与管理。

(4)承办登记有关物资进、出账目,编制物资报表。

2．任职条件

(1)中专毕业及以上学历。

(2)取得初级及以上技术职称任职资格,并经相应岗位培训合格。

(3)掌握物资市场、税务、价格等动向和基本知识;了解泵站工程基本知识及各类物资的性能、质量标准;熟悉物资分类管理(护)的有关规定。

12.5.4 会计与水费管理岗位

1．主要职责

(1)遵守《中华人民共和国会计法》及有关法律、法规。

(2)承担会计业务工作,进行会计核算和监督,保证会计凭证、账簿、报表及其他会计资料的真实、准确、完整。

(3)参与制定会计核算和相关管理制度,保证会计工作依法进行。

(4)参与编制财务收支计划和年度预算与决算报告,编制会计报表。

(5)承担提水成本核算与水费计收管理工作。

(6)承担会计档案保管及归档工作。

2．任职条件

(1)财会类中专毕业及以上学历。

(2)取得助理会计师或助理经济师及以上技术职称任职资格,并经相应岗位培训合格,持证上岗。

(3)熟悉财务、会计、金融、工商、税务、物价等方面的基本知识;了解工程管理和有关规费方面的基本知识;能解决工作中的实际问题。

12.5.5　出纳岗位

1．主要职责

（1）遵守《中华人民共和国会计法》等法律、法规，执行《水利工程管理单位财务制度》和《水利工程管理单位会计制度》。

（2）根据审核签章的记账凭证，办理现金、银行存款的收付结算业务。

（3）及时登记现金、银行日记账，做到日清月结，账实相符。

（4）管理支票、库存现金及有价证券。

（5）参与编制财务收支计划和年度预算与决算报告。

2．任职条件

（1）财会类中专毕业及以上学历。

（2）取得会计员及以上技术职称任职资格，并经相应岗位培训合格，持证上岗。

（3）了解财务、会计、金融、工商、税务、物价等方面的基本知识；了解工程管理的基本情况；坚持原则，工作认真细致。

12.6　水政监察类

12.6.1　水政监察岗位

1．主要职责

（1）宣传贯彻《中华人民共和国水法》、《中华人民共和国水土保持法》、《中华人民共和国防洪法》、《中华人民共和国水污染防治法》等法律、法规。

（2）负责并承担管理范围内水资源、水域、生态环境及水利工程或设施等的保护工作。

（3）负责并承担对水事活动进行监督检查，维护正常的水事秩序，对公民、法人或其他组织违反水法规的行为实施行政处罚或采取其他行政措施。

（4）配合公安和司法部门查处水事治安和刑事案件。

（5）受水行政主管部门委托,负责办理行政许可和征收行政事业性规费等有关事宜。

2．任职条件

（1）高中毕业及以上学历,并经相应岗位培训合格。

（2）掌握国家有关法律、法规;了解水利管理方面的专业知识;具有协调、处理水事纠纷的能力。

12.7 运行类

12.7.1 泵站运行负责岗位

1．主要职责

（1）贯彻执行国家有关法律、法规和相关技术标准与有关规章制度、安全操作规程。

（2）执行调度指令,组织实施泵站安全运行作业。

（3）负责指导、检查、监督泵站运行作业,保证各类设备和水工建筑物安全运行,发现问题及时组织处理,重大问题及时上报。

（4）负责泵站运行工作原始记录的检查、复核。

2．任职条件

（1）水利类或相关专业大专毕业及以上学历。

（2）取得中级及以上技术职称任职资格,并经相应岗位培训合格。

（3）熟悉机械、电气、通信及灌溉、排水等方面的基本知识;熟悉安全操作规程;能按操作规程组织运行作业,能处理运行中常见故障;具有较强的组织协调能力。

12.7.2 主机组及辅助设备运行岗位

1．主要职责

（1）遵守有关规章制度及安全操作规程。

（2）严格按指令进行机组运行作业。

(3)承担主机组、辅助设备的运行监测、检查、巡视及日常养护工作,及时处理常见运行故障并报告。

(4)填报、整理运行值班记录。

2．任职条件

(1)机电类技校或高中毕业及以上学历。

(2)取得中级工及以上技术等级资格,并经相应岗位培训合格,持证上岗。

(3)掌握机电设备基本性能和安全操作技能;熟悉机电设备安装、调试的有关知识;具有发现、处理常见故障的能力。

12.7.3　电气设备运行岗位

1．主要职责

(1)遵守有关规章制度及安全操作规程。

(2)承担各种电气设备的运行操作。

(3)承担电气设备及其线路的运行监测、检查、巡视及日常养护,发现问题及时处理并报告。

(4)填报、整理运行值班记录。

2．任职条件

(1)电气类技校或高中毕业及以上学历。

(2)取得中级工及以上技术等级资格,并经相应岗位培训合格,持证上岗。

(3)掌握电工基础知识和电气设备安全操作技能;熟悉电气设备安装、调试及维护的基本知识;了解有关电气设备、二次回路及信息系统的工作原理;具有发现、处理常见故障的能力。

12.7.4　高压变电系统运行岗位

1．主要职责

(1)遵守有关规章制度及安全操作规程。

(2)承担高压变电系统设备的运行操作。

(3)承担高压变电系统日常巡视、检查、养护,发现问题及时处理并报告。

（4）填报、整理运行值班记录。

2．任职条件

（1）电气类技校或高中毕业及以上学历。

（2）取得中级工及以上技术等级资格，并经相应岗位培训合格，持证上岗。

（3）熟悉高压变电系统基本知识及基本工作原理；掌握变电系统的接线情况、重要设备的性能及安全操作技能；具有处理常见故障的能力。

12.7.5 水工建筑物作业岗位

1．主要职责

（1）遵守有关规章制度及安全操作规程。

（2）承担泵站进出水等水工建筑物的安全运行。

（3）承担泵站进出水等水工建筑物的巡查、管理，发现问题及时处理并报告。

（4）填报、整理运行值班记录。

2．任职条件

（1）水利类技校或高中毕业及以上学历。

（2）具有中级工及以上技术等级资格，并经相应岗位培训合格，持证上岗。

（3）掌握泵站运行基本知识；熟悉进出水建筑物和管道及其阀件等的性能、施工技术要求，管道水压试验等知识；了解管道防漏、防爆、防腐、防冻和渠道防渗、防滑等基本知识；具有发现、处理常见故障的能力。

12.7.6 闸门、启闭机及拦污清污设备运行岗位

1．主要职责

（1）遵守有关规章制度及安全操作规程。

（2）承担闸门、拍门、启闭机、拦污栅、清污机等设备的操作和

安全运行。

(3)巡查设备的运行情况,发现隐患或故障及时处理并报告。

(4)填报、整理运行值班记录。

2.任职条件

(1)水利、机械类技校或高中毕业及以上学历。

(2)取得中级工及以上技术等级资格,并经相应岗位培训合格,持证上岗。

(3)熟悉闸门、启闭设备、清污机及液压机械传动设备等的构造、性能和基本原理;熟悉设备运行中常见故障的原因及其预防措施;了解设备安装、大修后进行的各种测试及水工金属结构表面除锈、喷涂防腐等技术;具有发现、处理常见故障的能力。

12.7.7 监控系统运行岗位

1.主要职责

(1)遵守有关规章制度及安全操作规程。

(2)承担中控室设备及监控系统安全操作。

(3)巡查设备运行情况,发现故障及时处理并报告。

(4)填报、整理运行值班记录。

2.任职条件

(1)自动化、计算机类中专毕业及以上学历。

(2)取得中级工及以上技术等级资格,并经相应岗位培训合格,持证上岗。

(3)掌握监控系统工作原理及安全操作技能,熟悉计算机应用技术;熟悉泵站经济运行、灌溉排水调度方法及机电设备性能;具有发现、处理常见故障的能力。

12.7.8 通信设备运行岗位

1.主要职责

(1)遵守有关规章制度及安全操作规程。

(2)负责泵站通信设备系统安全运行。

（3）巡查设备运行情况，及时处理常见故障并报告。

（4）填报、整理运行值班记录。

2．任职条件

（1）通信类技校或高中毕业及以上学历。

（2）取得中级工及以上技术等级资格，并经相应岗位培训合格，持证上岗。

（3）掌握通信设备的基本操作技能；了解通信设备的基本工作原理及性能；具有发现、处理常见故障的能力。

12.7.9　水量计量岗位

1．主要职责

（1）遵守有关规章制度及安全操作规程。

（2）承担泵站提水计量设施的管理。

（3）承担泵站出水流量的量测、观察、记录，并进行资料的整理。

2．任职条件

（1）水利类技校或高中毕业及以上学历。

（2）取得中级工及以上技术等级资格，并经相应岗位培训合格，持证上岗。

（3）熟悉灌溉排水工程量测水的基本知识和操作技能；掌握灌溉排水工程管理养护基本知识；能解决配水、量测水作业中出现的常见问题；具有一定的协调能力。

12.8　观测类

12.8.1　水工建筑物安全监测岗位

1．主要职责、

（1）遵守有关规章制度及安全操作规程。

（2）承担泵站进出水等水工建筑物的监测工作，确保监测准时、数据准确。

(3)承担泵站进出水等水工建筑物监测设备、设施的管理维护。

(4)填写监测记录与初步分析,并进行资料整理。

2．任职条件

(1)水利类中专毕业及以上学历。

(2)取得中级工及以上技术等级资格,并经相应岗位培训合格,持证上岗。

(3)熟悉水工建筑物的基本知识和监测内容,掌握其监测设备、设施的基本原理及使用方法;具有分析和处理常见技术问题的能力。

12.8.2　机械、电气设备安全监测岗位

1．主要职责

(1)遵守有关规章制度和相关技术标准。

(2)承担主机组、辅助设备、电气设备等的监测工作,确保监测及时、数据准确。

(3)承担机械、电气设备、监测设备的日常管理维护。

(4)填写监测记录与初步分析,并进行资料整理。

2．任职条件

(1)机电类中专毕业及以上学历。

(2)取得中级工及以上技术等级资格,并经相应岗位培训合格,持证上岗。

(3)熟悉主机组、辅助设备、电气设备等的性能及工作原理,掌握其监测设备的基本原理和使用方法;具有分析和处理常见技术问题的能力。

12.8.3　水质、泥沙监测岗位

1．主要职责

(1)遵守有关规章制度及安全操作规程。

（2）承担水质、泥沙监测和采样工作。

（3）承担水质、泥沙监测设备、设施的日常管理维护。

（4）填写监测记录，并进行资料整理。

2．任职条件

（1）水利类中专毕业及以上学历。

（2）取得初级及以上技术职称任职资格，并经相应岗位培训合格，持证上岗。

（3）掌握水质、泥沙监测、采样的基本知识和方法，熟悉监测设备的基本原理；熟悉水质、泥沙监测技术标准及有关规定；能起草水质、泥沙监测工作报告。

13 大中型泵站工程管理单位岗位定员

13.1 定员级别

13.1.1 大中型泵站工程定员级别按表13.1.1的规定确定。

表13.1.1 大中型泵站工程定员级别

定员级别	装机容量(kW)
1	≥30000
2	<30000
	≥10000
3	<10000
	≥5000
4	<5000
	≥2000
5	<2000
	≥1000

注:统一管理多座或多级泵站的工程管理单位的定员级别划分按总装机容量核定。

13.1.2 泵站大中型机组规模划分按表13.1.2的条件确定。

13.2 岗位定员

13.2.1 大中型泵站工程管理单位岗位定员总和(Z)按下式计算:

$$Z = G + S + F \qquad (13.2.1)$$

表 13.1.2 泵站大中型机组规模条件

机组规模			大型	中型
单台条件	轴流泵或混流泵机组	水泵叶轮直径(mm)	≥1540	<1540 ≥1000
		单机容量(kW)	≥800	<800 ≥500
	离心泵机组	水泵进口直径(mm)	≥800	<800 ≥500
		单机容量(kW)	≥600	<600 ≥280

注:当水泵机组的叶轮(进口)直径和单机容量与规定的条件不一致时,取高值确定机组类型。

式中 Z——岗位定员总和（人）；

G——单位负责、行政管理、技术管理、财务与资产管理及水政监察类岗位定员数之和（人）；

S——运行、观测类岗位定员数之和(人)；

F——辅助类岗位定员（人）。

13.2.2 单位负责、行政管理、技术管理、财务与资产管理及水政监察类岗位定员数之和(G)按下式计算:

$$G = \sum_{i=1}^{20} G_i \qquad (13.2.2)$$

式中 G_i——单位负责、行政管理、技术管理、财务与资产管理及水政监察类各岗位定员,按表 13.2.2 的规定确定。

13.2.3 3、4、5 级泵站工程管理单位的单位负责、行政管理、技术管理、财务与资产管理、水政监察类岗位按类定员,其中 4、5 级泵站的水政监察类业务由经授权的其他类人员兼管。

表 13.2.2　单位负责、行政管理、技术管理、财务与资产管理及水政监察类岗位定员　　　　（单位：人）

岗位类别	岗位名称	G_i	定员级别				
			1	2	3	4	5
单位负责类	单位负责岗位	G_1	3~4	2~3	1~2	1	1
	技术总负责岗位	G_2					
	财务与资产总负责岗位	G_3					
行政管理类	行政事务负责与管理岗位	G_4	4~6	2~4	2~3	1~2	1
	文秘与档案管理岗位	G_5					
	人事劳动教育管理岗位	G_6	2~3	1~2			
	安全生产管理岗位	G_7					
技术管理类	工程技术管理负责岗位	G_8	3~5	2~3	3~5	2~3	1~2
	灌溉排水调度管理岗位	G_9					
	机械设备管理岗位	G_{10}	3~7	2~3			
	电气设备及自动化系统管理岗位	G_{11}					
	水工建筑物管理岗位	G_{12}					
	水土资源管理岗位	G_{13}	2~3	1~2			
	计划与统计岗位	G_{14}					
财务与资产管理类	财务与资产管理负责岗位	G_{15}	6~7	5~6	4~5	2~4	2
	财务与资产管理岗位	G_{16}					
	物资管理岗位	G_{17}					
	会计与水费管理岗位	G_{18}					
	出纳岗位	G_{19}					
水政监察类	水政监察岗位	G_{20}	3	2~3	1~2	他岗人员兼	

注：①总装机容量超过 10 万 kW 的泵站工程管理单位，每增加 10 万 kW，技术管理类定员可在上限基础上增加 1~3 人。

②总装机容量小于 1000kW，机组条件达到大、中型的泵站工程管理单位，其单位负责、行政管理、技术管理、财务与资产管理和水政监察类按 5 级泵站定员。

13.2.4 运行、观测类岗位定员数之和(S)按下式计算:

$$S = \sum_{i=1}^{12} S_i \qquad (13.2.4)$$

式中 S_i——运行、观测类各岗位定员。

13.2.5 多座或多级泵站工程管理单位,运行类定员按独立站的级别分别计算后累加,并按一日三班制定员,其中年均运行时间超过 2500 小时的泵站,按一日四班制定员。观测类按一日一班制定员。对多座或多级泵站的泵房间距大于 4km 的(含间距不足 4km 的 1、2 级泵站群),观测类定员按独立泵站的级别分别计算后累加。

13.2.6 运行、观测类岗位人员定员时,对装设中型水泵机组的 4、5 级泵站,规定以运行类定员为主,兼管其他岗位人员的工作(必需定员的岗位除外);装设离心泵机组的 1、2、3 级泵站,能兼管的也应兼管其他岗位人员的工作。

13.2.7 总装机容量达到中型及以上的多座或多级泵站,其独立泵站装机容量小于 5 级、单机组规模小于中型的泵站,其运行、观测类各岗位按 5 级泵站定员,但每个班定员数最多不得超过 2 人。

13.2.8 泵站运行负责岗位定员(S_1)按表 13.2.8 的规定确定。

表 13.2.8　泵站运行负责岗位定员　　　(单位:人)

定员级别	1	2	3	4	5
定员	2~3		1~2	他岗人员兼	

13.2.9 主机组及辅助设备运行岗位定员(S_2)根据独立泵站机组规模条件,按表 13.2.9 的规定确定。

13.2.10 电气设备运行岗位定员(S_3)按表 13.2.10 的规定确定。

13.2.11 高压变电系统运行岗位定员(S_4)按表 13.2.11 的规定确定。

表 13.2.9　主机组及辅助设备运行岗位定员　（单位：人）

机　组		大型	中型
每班定员	2 台机组及以下	2	1
	3 台机组及以上	$2+(\dfrac{N-2}{4})$	$1+(\dfrac{N-2}{6})$

注：① 表中 N 为机组台数。
　　② N 大于 18 均按 18 计算。

表 13.2.10　电气设备运行岗位定员　（单位：人）

定员级别	1	2	3	4	5
每班定员	2～3		2		1

注：4、5 级泵站的电气设备运行人员与机组运行人员配合值班。

表 13.2.11　高压变电系统运行岗位定员　（单位：人）

定员级别	1	2	3	4	5
每班定员	2		1	泵房运行人员兼	

注：① 不承担变电业务的泵站，此岗位不定员。
　　② 泵房运行人员是指机组、电器设备、高压变电系统、进出水建筑物、闸门、启闭机、监控系统、通信设备、水量计量等运行人员（下同）。

13.2.12　水工建筑物作业岗位定员（S_5）按以下规定确定：

1、2 级泵站每站设 1～2 人，一班制；3、4、5 级泵站的此项作业由泵房运行人员兼管。

13.2.13　闸门、启闭机及拦污清污设备运行岗位定员（S_6）按表 13.2.13 的规定确定。

表 13.2.13　闸门、启闭机及拦污清污设备运行岗位定员

（单位：人）

定员级别	1	2	3	4	5
每班定员	2		1	泵房运行人员兼	

13.2.14 监控系统运行岗位定员(S_7)按表 13.2.14 的规定确定。

表 13.2.14　监控系统运行岗位定员　（单位：人）

定员级别	1	2	3	4	5
每班定员	2		1		泵房运行人员兼

注：无监控系统的泵站，此岗位不定员。

13.2.15 通信设备运行岗位定员(S_8)按表 13.2.15 的规定确定。

表 13.2.15　通信设备运行岗位定员　（单位：人）

定员级别	1	2	3	4	5
定员	2～3		泵房运行人员兼		

注：①多座或多级泵站，此岗位定员不累加，但每增加一台交换机，增 2 名值班人员。
②无独立通信系统的泵站，此岗位不定员。

13.2.16 水量计量岗位定员(S_9)按表 13.2.16 的规定确定。

表 13.2.16　水量计量岗位定员　（单位：人）

定员级别	1	2	3	4	5
定员	1		泵房运行人员兼		

注：不计量水量和已实现供水计量自动化的泵站，此岗位不定员。

13.2.17 水工建筑物安全监测岗位定员(S_{10})按表 13.2.17 的规定确定。

表 13.2.17　水工建筑物安全监测岗位定员　（单位：人）

定员级别	1	2	3	4	5
定员	1～2		1		泵房运行人员兼

13.2.18 机械、电气设备安全监测岗位定员(S_{11})按表 13.2.18 的规定确定。

表 13.2.18　机械、电气设备安全监测岗位定员　（单位:人）

定员级别	1	2	3	4	5
定员		1		泵房运行人员兼	

13.2.19　水质、泥沙监测岗位定员(S_{12})按表 13.2.19 的规定确定。

表 13.2.19　水质、泥沙监测岗位定员　　（单位:人）

定员级别	1	2	3	4	5
定员		1~2	1	泵房运行人员兼	

注:不需水质、泥沙监测的泵站,此岗位不定员。

13.2.20　辅助类岗位定员(F)按下式计算:

$$F = q(G + S) \qquad (13.2.20)$$

式中　q——辅助类岗位定员比例系数,取 0.06~0.10。

水利工程维修养护
定额标准

（修订）

1 总　则

1.0.1　为科学合理地编制水利工程维修养护经费预算,加强水利工程维修养护经费管理,提高资金使用效益,结合水利工程维修养护工作实际,制定水利工程维修养护定额标准(以下简称"定额标准")。

1.0.2　本定额标准的编制,贯彻国家财政预算体制改革和水管单位体制改革精神,严格执行国家财政预算政策和有关规定,按照水利工程维修养护内容,完善和细化预算定额及项目工作(工程)量,力求做到科学合理,操作规范,讲求效益。

1.0.3　本定额标准适用于水利工程年度日常维修养护经费预算的编制和核定,超常洪水和重大险情造成的工程修复及工程抢险费用、水利工程更新改造费用及其他专项费用另行申报和核定。

1.0.4　本定额标准为公益性水利工程维修养护定额标准,对准公益性水利工程,要按照工程的功能或资产比例划分公益部分,划分方法是:

(1)同时具有防洪、发电、供水等功能的准公益性水库工程,参照《水利工程管理单位财务制度(暂行)》[(94)财农字第 397 号文],采用库容比例法划分:公益部分维修养护经费分摊比例 = 防洪库容/(兴利库容 + 防洪库容)。

(2)同时具有排涝、灌溉等功能的准公益性水闸、泵站工程,按照《水利工程管理单位财务制度(暂行)》的规定,采用工作量比例法划分:公益部分维修养护经费分摊比例 = 排水工时/(提水工时 + 排水工时)。

(3)灌区工程由各地根据其功能、水费到位情况、工程管理状况等因素合理确定公益部分维修养护经费分摊比例。

1.0.5 本定额标准由维修养护项目工作(工程)量及调整系数组成。调整系数根据水利工程实际维修养护内容和调整因素采用。

1.0.6 本定额标准对堤防工程、控导工程、水闸工程、泵站工程、水库工程和灌区工程按照工程级别和规模划分维修养护等级,分别制定维修养护工作(工程)量。其他水利工程可参照执行。

1.0.7 堤防工程维修养护等级分为四级九类,具体划分标准按表 1.0.7 执行。

表 1.0.7　堤防工程维修养护等级划分表

堤防工程类别	堤防设计标准	1 级堤防			2 级堤防			3 级堤防		4 级堤防
	堤防维护类别	一类工程	二类工程	三类工程	一类工程	二类工程	三类工程	一类工程	二类工程	二类工程
分类指标	背河堤高 H(m)	$H \geqslant 8$	$8 > H \geqslant 6$	$H < 6$	$H \geqslant 6$	$6 > H \geqslant 4$	$H < 4$	$H \geqslant 4$	$H < 4$	
	堤身断面建筑轮廓线 L(m)	$L \geqslant 100$	$100 > L \geqslant 50$	$L < 50$	$L \geqslant 60$	$60 > L \geqslant 30$	$L < 30$	$L \geqslant 20$	$L < 20$	

注:①堤防级别按《堤防工程设计规范》(GB50286—98)确定,凡符合分类指标其中之一者即为该类工程。

②堤身断面建筑轮廓线长度 L 为堤顶宽度加地面以上临背堤坡长之和,淤区和戗体不计入堤身断面。

1.0.8 控导工程分丁坝、联坝和护岸,具体划分标准按表 1.0.8 执行。

表 1.0.8　控导工程维修养护项目划分表

项目	丁坝		联坝		护岸
	坝	垛	土联坝	护石联坝	
坝长 L(m)	$L \geqslant 30$	$L < 30$			

1.0.9 水闸工程维修养护等级分为三级八等,具体划分标准按表1.0.9执行。

表 1.0.9　水闸工程维修养护等级划分表

级　别	大型				中型		小型	
等　别	一	二	三	四	五	六	七	八
流量 Q （m^3/s）	$Q \geqslant 10000$	$5000 \leqslant Q$ < 10000	$3000 \leqslant Q$ < 5000	$1000 \leqslant Q$ < 3000	$500 \leqslant Q$ < 1000	$100 \leqslant Q$ < 500	$10 \leqslant Q$ < 100	$Q < 10$
孔口面积 A（m^2）	$A \geqslant 2000$	$800 \leqslant A$ < 2000	$600 \leqslant A$ < 1100	$400 \leqslant A$ < 900	$200 \leqslant A$ < 400	$50 \leqslant A$ < 200	$10 \leqslant A$ < 50	$A < 10$

注: 同时满足流量及孔口面积两个条件,即为该等级水闸。如只具备其中一个条件的,其等级降低一等。水闸流量按校核过闸流量大小划分,无校核过闸流量以设计过闸流量为准。

1.0.10 泵站工程维修养护等级分为三级五等,具体划分标准按表1.0.10执行。

表 1.0.10　泵站工程维修养护等级划分表

级　别	大型站	中型站			小型站
等　别	一	二	三	四	五
装机容量 P（kW）	$P \geqslant 10000$	$5000 \leqslant P < 10000$	$1000 \leqslant P < 5000$	$100 \leqslant P < 1000$	$P < 100$

1.0.11 水库工程维修养护等级分为四级,具体划分标准按表1.0.11执行。

表 1.0.11　水库工程维修养护等级划分表

级　别	大（Ⅰ）型	大（Ⅱ）型	中型	小型
水库总库容 V（亿m^3）	$V \geqslant 10$	$10 > V \geqslant 1$	$1 > V \geqslant 0.1$	$0.1 > V \geqslant 0.01$
水库坝高 H(m)		$H \leqslant 80$	$H \leqslant 60$	$35 > H \geqslant 15$

注: 划分水库工程维修养护等级以水库总库容为主要指标,水库坝高超过该等级指标时,可提高一级确定。

1.0.12 灌区工程中渠道工程、渡槽工程、倒虹吸工程、涵洞(隧洞)工程维修养护等级分为八级,具体划分标准按表1.0.12执行。

表1.0.12 灌区工程维修养护等级划分表

工程等级	一	二	三	四	五	六	七	八
设计过水流量(m³/s)	$Q\geqslant$ 300	$300>Q$ $\geqslant100$	$100>Q$ $\geqslant20$	$20>Q$ $\geqslant15$	$15>Q$ $\geqslant10$	$10>Q$ $\geqslant5$	$5>Q$ $\geqslant3$	$3>Q$ $\geqslant1$

1.0.13 灌区工程中滚水坝工程维修养护等级分为六级,具体划分标准按表1.0.13执行。

表1.0.13 灌区滚水坝工程维修养护等级划分表

工程等级	一	二	三	四	五	六
坝体体积(m³)	$V\geqslant$ 32000	$32000>V$ $\geqslant10000$	$10000>V$ $\geqslant7500$	$7500>V$ $\geqslant3600$	$3600>V$ $\geqslant2200$	$V<$ 2200

2 定额标准项目构成

2.1 堤防工程维修养护定额标准项目

2.1.1 堤防工程维修养护定额标准项目包括堤顶维修养护、堤坡维修养护、附属设施维修养护、堤防隐患探测、防浪林养护、护堤林带养护、淤区维修养护、前(后)戗维修养护、土牛维修养护、备防石整修、管理房维修养护、害堤动物防治、防浪(洪)墙维修养护和消浪结构维修养护、硬化堤顶维修养护。

2.1.2 堤顶维修养护内容包括堤顶养护土方、边埂整修、堤顶洒水、堤顶刮平和堤顶行道林维修养护。

2.1.3 堤坡维修养护内容包括堤坡养护土方、排水沟维修养护、上堤路口维修养护和草皮养护及补植。

2.1.4 附属设施维修养护内容包括标志牌(碑)维护和护堤地边埂整修。

2.1.5 堤防隐患探测内容包括普通探测和详细探测。

2.2 控导工程维修养护定额标准项目

2.2.1 控导工程维修养护定额标准项目包括坝顶维修养护、坝坡维修养护、根石维修养护、附属设施维修养护、上坝路维修养护和防护林带养护。

2.2.2 坝顶维修养护内容包括坝顶养护土方、坝顶沿子石维修养护、坝顶洒水、坝顶刮平、坝顶边埂整修、备防石整修和坝顶行道林养护。

2.2.3 坝坡维修养护内容包括坝坡养护土方、坝坡养护石方、排水沟维修养护和草皮养护及补植。

2.2.4 根石维修养护内容包括根石探测、根石加固和根石平整。

2.2.5 附属设施维修养护内容包括管理房维修养护、标志牌(碑)维护和护坝地边埂整修。

2.3 水闸工程维修养护定额标准项目

2.3.1 水闸工程维修养护定额标准项目包括水工建筑物维修养护、闸门维修养护、启闭机维修养护、机电设备维修养护、附属设施维修养护、物料动力消耗、闸室清淤、白蚁防治、自动控制设施维修养护和自备发电机组维修养护。

2.3.2 水工建筑物维修养护内容包括养护土方、砌石护坡护底维修养护、防冲设施破坏抛石处理、反滤排水设施维修养护、出水底部构件养护、混凝土破损修补、裂缝处理和伸缩缝填料填充。

2.3.3 闸门维修养护内容包括止水更换和闸门维修养护。

2.3.4 启闭机维修养护内容包括机体表面防腐处理、钢丝绳维修养护和传(制)动系统维修养护。

2.3.5 机电设备维修养护内容包括电动机维修养护、操作设备维修养护、配电设备维修养护、输变电系统维修养护和避雷设施维修养护。

2.3.6 附属设施维修养护内容包括机房及管理房维修养护、闸区绿化、护栏维修养护。

2.3.7 物料动力消耗内容包括水闸运行及维修养护消耗的电力、柴油、机油和黄油等。

2.4 泵站工程维修养护定额标准项目

2.4.1 泵站工程维修养护定额标准项目包括机电设备维修养护、

辅助设备维修养护、泵站建筑物维修养护、附属设施维修养护、物料动力消耗、检修闸维修养护、自备发电机组维修养护和自动控制设施维修养护。

2.4.2 机电设备维修养护内容包括主机组维修养护、输变电系统维修养护、操作设备维修养护、配电设备维修养护和避雷设施维修养护。

2.4.3 辅助设备维修养护内容包括油气水系统维修养护、拍门拦污栅等维修养护和起重设备维修养护。

2.4.4 泵站建筑物维修养护内容包括泵房维修养护、砌石护坡挡土墙维修养护、进出水池清淤和进水渠维修养护。

2.4.5 附属设施维修养护内容包括管理房维修养护、站区绿化、围墙护栏维修养护。

2.4.6 物料动力消耗内容包括泵站维修养护消耗的电力、汽油、机油和黄油等。

2.5 水库工程维修养护定额标准项目

2.5.1 水库工程维修养护定额标准项目包括主体工程维修养护、闸门维修养护、启闭机维修养护、机电设备维修养护、附属设施维修养护、物料动力消耗、自动控制设施维修养护、大坝电梯维修、门式启闭机定期维修、检修闸门维修、白蚁防治、通风机维修养护和自备发电机组维修养护、廊道维修养护。

2.5.2 水库主体工程分为混凝土坝和土石坝。主体工程维修养护内容包括混凝土空蚀剥蚀磨损及裂缝处理、坝下防冲工程维修、土石坝护坡工程维修、金属件防腐维修、观测设施维修养护。

2.5.3 闸门维修养护内容包括闸门表层损坏处理、止水更换、行走支承装置维修养护。

2.5.4 启闭机维修养护内容包括机体表面防腐处理、钢丝绳维修养护、传(制)动系统维修养护。

2.5.5 机电设备维修养护内容包括电动机维修养护、操作系统维修养护、配电设施维修养护、输变电系统维修养护、避雷设施维修养护。

2.5.6 附属设施维修养护内容包括机房及管理房维修养护、坝区绿化、围墙护栏维修养护。

2.5.7 物料动力消耗内容包括水库维修养护消耗的电力、柴油、机油、黄油。

2.6 灌区工程维修养护定额标准项目

2.6.1 渠道工程维修养护定额标准项目

2.6.1.1 渠道工程维修养护定额标准项目包括渠道养护土方、护渠林(草)养护、附属设施维修养护、生产交通桥维修养护、涵闸维修养护、跌水陡坡维修养护、撇洪沟(横向排水)维修养护、量水设施维修养护、渠道清淤(沉沙池清淤)、渠道防渗工程维修养护及自动控制设施维修养护。

2.6.1.2 渠道养护土方内容包括渠顶养护土方、渠坡养护土方。

2.6.1.3 附属设施维修养护内容包括标志牌(碑)维护和管理房维修养护。

2.6.2 渡槽工程维修养护定额标准项目

2.6.2.1 渡槽工程维修养护定额标准项目包括主体建筑物维修养护、管理房维修养护及渡槽清淤。

2.6.2.2 主体建筑物维修养护内容包括养护土方、混凝土破损修补、工程表面裂缝维修养护、浆砌石破损修补、止水维修养护、护栏维修养护。

2.6.3 倒虹吸工程维修养护定额标准项目

2.6.3.1 倒虹吸工程维修养护定额标准项目包括主体建筑物维

修养护、管理房维修养护及倒虹吸清淤。

2.6.3.2 主体建筑物维修养护内容包括养护土方、浆砌石破损修补、拦污栅维修养护、混凝土破损修补、裂缝处理、止水维修养护。

2.6.4 涵洞(隧洞)工程维修养护定额标准项目

2.6.4.1 涵洞(隧洞)工程维修养护定额标准项目包括主体建筑物维修养护及涵洞(隧洞)清淤。

2.6.4.2 主体建筑物维修养护内容包括养护土方、浆砌石破损修补、拦污栅维修养护、混凝土破损修补、裂缝处理、止水维修养护。

2.6.5 滚水坝工程维修养护定额标准项目

2.6.5.1 滚水坝工程维修养护定额标准项目包括主体建筑物维修养护、管理房维修养护。

2.6.5.2 主体建筑物维修养护内容包括养护土方、工程表面维修养护、混凝土破损修补、浆砌石破损修补、防冲设施破坏处理、反滤排水设施维护。

3 维修养护工作(工程)量

3.1 堤防工程维修养护工作(工程)量

堤防工程维修养护项目工作(工程)量,以1000m长度的堤防为计算基准。维修养护项目工作(工程)量按表3.1.1执行。

表3.1.1 堤防工程维修养护项目工作(工程)量表

编号	项 目	单位	1级堤防			2级堤防			3级堤防		4级堤防
			一类	二类	三类	一类	二类	三类	一类	二类	
	合 计										
一	堤顶维修养护										
1	堤顶养护土方	m³	300	270	240	210	195	180	90	72	54
2	边埂整修	工日	47	47	47	21	21	21			
3	堤顶洒水	台班	4	4	3	2	2	1	1	1	
4	堤顶刮平	台班	9	7	5	5	4	2	3	2	2
5	堤顶行道林养护	株	667	667	667	667	667	667	667	667	667
二	堤坡维修养护										
1	堤坡养护土方	m³	639	559	479	383	320	256	128	96	96
2	排水沟翻修	m	61	44		38					
3	上堤路口养护土方	m³	34	12	9	10	9	5	5		2
4	草皮养护及补植										
(1)	草皮养护	100m²	506	443	380	380	316	253	253	190	190
(2)	草皮补植	100m²	25	22	19	19	16	13	13		9
三	附属设施维修养护										
1	标志牌(碑)维护	个	22	22	22	17	17	17	7	7	5
2	护堤地边埂整修	工日	21	21	21	21	21	21	21	21	21

编号	项 目	单位	1级堤防			2级堤防			3级堤防		4级堤防
			一类	二类	三类	一类	二类	三类	一类	二类	
四	堤防隐患探测										
1	普通探测	m	100	100	100	70	70	70			
2	详细探测	m	10	10	10	7	7	7			
五	防浪林养护	m²	按实有数量								
六	护堤林带养护	m²	按实有数量								
七	淤区维修养护	m²	按实有数量								
八	前(后)戗维修养护	m²	按实有数量								
九	土牛维修养护	m³	按实有数量								
十	备防石整修	工日	按实有数量								
十一	管理房维修	m²	按实有数量								
十二	害堤动物防治	100m²	按实有数量								
十三	硬化堤顶维修养护	km	按实有长度								

堤防工程维修养护项目工作(工程)量调整系数按表 3.1.2 执行。

表 3.1.2 堤防工程维修养护项目工作(工程)量调整系数表

编号	影响因素	基 准	调整对象	调整系数
1	堤身高度	各级堤防基准高度分别为:8、7、6、6、5、4、4、3m 和 3m	堤坡维修养护	每增减 1m,系数相应增减分别为 1/8、1/7、1/6、1/6、1/5、1/4、1/4、1/3 和 1/3
2	土质类别	壤性土质	维修养护项目	黏性土质系数调减 0.2
3	无草皮土质护坡	草皮护坡	草皮养护及补植	去除该维修养护项目
4	年降水量变差系数 C_v	0.15～0.3	维修养护项目	≥0.3 系数增加 0.05;<0.15 系数减少 0.05
5	硬化堤顶	土质堤顶	堤顶维修养护	去除该维修养护项目

3.2 控导工程维修养护工作(工程)量

控导工程维修养护项目工作(工程)量计算基准为:坝 80 m/道、垛 30m/个,联坝 100m/段,护岸 100m/段,坝、垛、护岸高度为 4m(从根石台起算,无根石台从多年平均水位起算)。维修养护项目工作(工程)量按表 3.2.1 执行。

表 3.2.1 控导工程维修养护项目工作(工程)量表

编号	项 目	单位	丁 坝		联 坝(段)		护岸(段)
			坝(道)	垛(个)	土联坝	护石联坝	
	合 计						
一	坝顶维修养护						
1	坝顶养护土方	m³	15	10	30	30	
2	坝顶沿子石翻修	m³	4.4	2.4		2.2	2.4
3	坝顶洒水	台班			0.7		
4	坝顶刮平	台班			0.6		
5	坝顶边埂整修	工日	3		9	4	
6	备防石整修	工日	14.5	3.5		5.5	9
7	坝顶行道林养护	株			67		
二	坝坡维修养护						
1	坝坡养护土方	m³	22		50	25	
2	坝坡养护石方	m²	59	20		38	54
3	排水沟翻修	m	1.34		0.78	0.78	0.1
4	草皮养护及补植						
(1)	草皮养护	m²	783		1566	682	
(2)	草皮补植	m²	39		78	39	
三	根石维修养护						
1	根石探测	次	每年 1~2 次			每年 1~2 次	
2	根石加固	m³	41	10		20	10
3	根石平整	工日	2	1		2	2

编号	项 目	单位	丁 坝		联 坝(段)		护岸(段)
			坝(道)	垛(个)	土联坝	护石联坝	
四	附属设施维修养护						
1	管理房维修养护	m²	8	3	10	10	10
2	标志牌(碑)维护	个	10	5	5	10	10
3	护坝地边埂整修	工日			1	1	
五	上坝路	km	按实有数量				
六	护坝林	m²	按实有数量				

控导工程维修养护项目工作(工程)量调整系数按表 3.2.2 执行。

表 3.2.2 控导工程维修养护项目工作(工程)量调整系数

编号	影响因素	基准	调整对象	调整系数
1	坝体长度	80m	坝顶维修养护、坝坡维修养护	每增减 10m,系数相应增减 0.05
2	联坝长度	100m		每增减 10m,系数相应增减 0.05
3	护岸长度	100m		每增减 10m,系数相应增减 0.05
4	坝、垛、护岸高度	4m	坝坡维修	每增减 1m,系数相应增减 0.2
5	坝体结构	乱石坝	维修养护项目	干砌石坝系数调减 0.4,浆砌石坝系数调减 0.7,混凝土坝系数调减 0.9
6	年降水量变差系数	0.15~0.3	维修养护项目	≥0.3 系数增加 0.05;<0.15 系数减少 0.05

3.3 水闸工程维修养护工作(工程)量

水闸工程维修养护项目工作(工程)量,以各等别水闸工程平均流量(下限及上限)、平均孔口面积(下限及上限)、孔口数量为计算基准,计算基准如表 3.3.1。水闸工程维修养护项目工作(工程)量按表 3.3.2 执行。

表 3.3.1　水闸工程计算基准表

级 别	大 型				中 型		小 型	
等 别	一	二	三	四	五	六	七	八
流量 $Q(\text{m}^3/\text{s})$	10000	7500	4000	2000	750	300	55	10
孔口面积 $A(\text{m}^2)$	2400	1800	910	525	240	150	30	10
孔口数量(孔)	60	45	26	15	8	5	2	1

表 3.3.2　水闸工程维修养护项目工作(工程)量表

编号	项　目	单位	大型				中型		小型	
			一	二	三	四	五	六	七	八
	合　计									
一	水工建筑物维修养护									
1	养护土方	m³	300	300	250	250	150	150	100	100
2	砌石护坡勾缝修补	m²	936	792	570	368	224	128	88	49
3	砌石护坡翻修石方	m³	70	59	43	28	17	10	7	4
4	防冲设施破坏抛石处理	m³	30	22.5	13	6	3.2	2	1.5	1
5	反滤排水设施维修养护	m	180	135	78	36	16	10	8	5
6	出水底部构件养护	m²	300	225	130	60	40	25	20	10
7	混凝土破损修补	m²	432	324	163.8	94.5	43.2	27	5.4	1.8
8	裂缝处理	m²	720	540	273	157.5	72	45	9	3
9	伸缩缝料填充	m	15	15	12	12	10	9	4	2
二	闸门维修养护									
1	止水更换	m	653	490	283	163	71	44	12	6
2	闸门防腐处理	m²	2400	1800	910	525	240	150	30	10
三	启闭机维修养护									
1	机体表面防腐处理	m²	1800	1350	676	390	176	100	24	9
2	钢丝绳维修养护	工日	600	450	260	150	80	50	20	10
3	传(制)动系统维修养护	工日	480	360	208	120	64	40	16	8
4	配件更换	更换率	按启闭机资产的1.5%计算							

编号	项　目	单位	大型				中型		小型	
			一	二	三	四	五	六	七	八
四	机电设备维修养护									
1	电动机维修养护	工日	540	405	234	135	72	45	18	9
2	操作设备维修养护	工日	360	270	156	90	48	30	12	6
3	配电设备维修养护	工日	168	141	76	56	36	23	14	12
4	输变电系统维修养护	工日	288	228	140	96	62	50	20	10
5	避雷设施维修养护	工日	24	22.5	15	13.5	6	6	3	3
6	配件更换	更换率	按机电设备资产的 1.5% 计算							
五	附属设施维修养护									
1	机房及管理房维修养护	m²	612	522	378	330	252	120	66	42
2	闸区绿化	m²	1500	1500	1350	1350	900	750	225	150
3	护栏维修养护	m	900	900	800	600	500	500	150	100
六	物料动力消耗									
1	电力消耗	kW·h	45662	39931	29679	25402	19179	15371	2343	483
2	柴油消耗	kg	7200	5408	3360	1440	800	440	176	60
3	机油消耗	kg	1080	811.2	504	216	120	66	26.4	9
4	黄油消耗	kg	1000	800	700	600	400	200	100	50
七	闸室清淤	m³	按实有工程量计算							
八	白蚁防治	m²	按实有面积计算							
九	自动控制设施维修养护	维修率	按自动控制设施资产的 5% 计算							
十	自备发电机组维修养护	kW	按实有功率计算							

水闸工程维修养护项目工作(工程)量调整系数按表 3.3.3 执行。

表 3.3.3　水闸工程维修养护项目工作(工程)量调整系数表

编号	影响因素	基准	调整对象	调整系数
1	孔口面积	一～八等水闸计算基准孔口面积分别为 2400、1800、910、525、240、150、30m² 和 10m²	闸门防腐处理	按直线内插法计算,超过范围按直线外延法

编号	影响因素	基准	调整对象	调整系数
2	孔口数量	一～八等水闸计算基准孔口数量分别为 60、45、26、15、8、5、2 孔和 1 孔	闸门、启闭机和机电设备维修养护	一～八等水闸每增减 1 孔,系数分别增减 1/60、1/45、1/26、1/15、1/8、1/5、1/2、1
3	设计流量	一～八等水闸计算基准流量分别为 10000、7500、4000、2000、750、300、55m³/s 和 10m³/s	水工建筑物维修养护	按直线内插法计算,超过范围按直线外延法
4	启闭机类型	卷扬式启闭机	启闭机维修养护	螺杆式启闭机系数减少 0.3,油压式启闭机系数减少 0.1
5	闸门类型	钢闸门	闸门维修养护	混凝土闸门系数调减 0.3,弧形钢闸门系数增加 0.1
6	接触水体	淡水	闸门、启闭机、机电设备及水工建筑物维修养护	海水系数增加 0.2
7	严寒影响	非高寒地区	闸门及水工建筑物	高寒地区系数增加 0.05
8	运用时间	标准孔数闸门年启闭 12 次	物料动力消耗	一～八等水闸单孔闸门启闭次数每增加一次,系数分别增加 1/720、1/540、1/312、1/180、1/120、1/60、1/24、1/12
9	流量小于 10m³/s 的水闸	10m³/s	八等水闸维修养护项目	$10m³/s > Q \geqslant 5m³/s$,系数调减 0.59;$5m³/s > Q \geqslant 3m³/s$,系数调减 0.71;$3m³/s > Q \geqslant 1m³/s$,系数调减 0.84。上述三个流量段计算基准流量分别为 7、4m³/s 和 2m³/s,同一级别其他值采用内插法或外延法取得

3.4 泵站工程维修养护工作(工程)量

泵站工程维修养护项目工作(工程)量以各等别泵站工程平均装机容量(下限及上限)为计算基准,计算基准如表 3.4.1。泵站工程维修养护项目工作(工程)量按表 3.4.2 执行。

表 3.4.1 泵站工程计算基准表

级别	大型站	中型站			小型站
等别	一	二	三	四	五
总装机容量 P(kW)	10000	7500	3000	550	100

表 3.4.2 泵站工程维修养护项目工作(工程)量表

编号	项目	单位	大型站	中型站			小型站
			一	二	三	四	五
	合　计						
一	机电设备维修养护						
1	主机组维修养护	工日	1854	1390	556	134	36
2	输变电系统维修养护	工日	197	172	108	52	25
3	操作设备维修养护	工日	527	328	131	56	34
4	配电设备维修养护	工日	618	464	185	44	12
5	避雷设施维修养护	工日	22	19	11	7	2
6	配件更换	更换率	按机电设备资产的 1.5% 计算				
二	辅助设备维修养护						
1	油气水系统维修养护	工日	798	581	240	100	58
2	拍门拦污栅等维修养护	工日	106	79	32	22	15
3	起重设备维修养护	工日	69	52	21	13	8
4	配件更换	更换率	按辅助设备资产的 1.5% 计算				

编号	项目	单位	大型站	中型站			小型站
			一	二	三	四	五
三	泵站建筑物维修养护						
1	泵房维修养护	m²	1560	1260	960	224	72
2	砌石护坡挡土墙维修养护						
(1)	勾缝修补	m²	336	296	220	158	80
(2)	损毁修复	m³	25	22	17	12	6
3	进出水池清淤	m³	8100	7500	6000	1500	300
4	进水渠维修养护	m²	23040	19456	13000	6600	4032
四	附属设施维修养护						
1	管理房维修养护	m²	432	360	144	72	36
2	站区绿化	m²	1620	1350	720	270	225
3	围墙护栏维修养护	m	810	720	630	120	80
五	物料动力消耗						
1	电力消耗	kW·h	11470	9356	4829	3018	1509
2	汽油消耗	kg	270	195	108	21	6
3	机油消耗	kg	180	120	72	21	6
4	黄油消耗	kg	216	150	96	24	7
六	检修闸维修养护	个	按实有数量计算				
七	自动控制设施维修养护	维修率	按自动控制设施资产的 5%计算				
八	自备发电机组维修养护	kW	按实有功率计算				

泵站工程维修养护项目工作(工程)量调整系数按表 3.4.3 执行。

表 3.4.3　泵站工程维修养护项目工作(工程)量调整系数表

编号	影响因素	基准	调整对象	调整系数
1	装机容量	一～五等泵站计算基准装机容量分别为10000、7500、3000、550kW 和 100kW	维修养护项目	按直线内插法计算,超过范围按直线外延法
2	严寒影响	非高寒地区	泵站建筑物	高寒地区系数增加0.05
3	水泵类型	混流泵	主机组检修	轴流泵系数增加0.1

3.5　水库工程维修养护工作(工程)量

　　水库工程维修养护项目工作(工程)量,以水库级别的坝高、坝长、闸门孔数、启闭机台数为计算基准,计算基准如表 3.5.1。水库工程维修养护项目工作(工程)量按表 3.5.2 执行。平原水库(湖泊)围坝和低于 13m 的水库工程副坝维修养护项目工作(工程)量参照堤防工程维修养护项目工作(工程)量执行,进、出水闸参照水闸工程维修养护项目工作(工程)量执行。

表 3.5.1　水库工程计算基准

工程级别	大(Ⅰ)型	大(Ⅱ)型	中型	小型
坝高(m)	100	70	50	35
坝长(m)	600	600	600	600
闸门扇数(扇)	10	7	4	2
启闭机台数(台)	10	7	4	2

表 3.5.2 水库工程维修养护项目工作(工程)量表

编号	项目	单位	大(Ⅰ)型		大(Ⅱ)型		中型		小型	
			混凝土坝	土石坝	混凝土坝	土石坝	混凝土坝	土石坝	混凝土坝	土石坝
	合　计									
一	主体工程维修养护									
1	混凝土空蚀剥蚀磨损及裂缝处理									
(1)	混凝土空蚀剥蚀磨损处理	m²	660	88	610	88	518	66	382	66
(2)	裂缝处理	m²	900	200	700	150	500	80	400	60
2	坝下防冲工程翻修									
(1)	混凝土	m³	50	20	40	20	30	10	20	10
(2)	浆砌石	m³	100	180	80	140	60	120	50	80
3	土石坝护坡工程维修									
(1)	护坡浆砌石勾缝	m²		5386		3760		2692		1616
(2)	护坡浆砌石翻修	m³		770		536		390		232
(3)	护坡养护土方	m³		400		300		150		100
4	金属件防腐维修	m²	1200	1200	840	840	480	480	240	240
5	观测设施维修养护	工日	452	452	339	339	226	226	113	113
6	观测设施更换	更换率	按观测设施资产的 1.5% 计算							

编号	项 目	单位	大(Ⅰ)型		大(Ⅱ)型		中型		小型	
			混凝土坝	土石坝	混凝土坝	土石坝	混凝土坝	土石坝	混凝土坝	土石坝
二	闸门维修养护									
1	止水更换长度	m	70	70	49	49	28	28	14	14
2	防腐处理面积	m²	600	600	420	420	240	240	120	120
三	启闭机维修养护									
1	机体表面防腐处理	m²	300	300	210	210	120	120	60	60
2	钢丝绳维修养护	工日	122	122	86	86	50	50	24	24
3	传(制)动系统维修养护	工日	62	62	42	42	24	24	12	12
4	配件更换	更换率	按传(制)动系统资产的1.5%计算							
四	机电设备维修养护									
1	电动机维修养护	工日	169	169	96	96	55	55	14	14
2	操作系统维修养护	工日	300	300	193	193	110	110	28	28
3	配电设施维修养护	工日	188	188	114	114	65	65	16	16
4	输变电系统维修养护	工日	400	400	258	258	148	148	37	37
5	避雷设施维护养护	工日	50	50	35	35	20	20	5	5
6	机电设备配件更换	更换率	按机电设备资产的1.5%计算							

编号	项目	单位	大(Ⅰ)型		大(Ⅱ)型		中型		小型	
			混凝土坝	土石坝	混凝土坝	土石坝	混凝土坝	土石坝	混凝土坝	土石坝
五	附属设施维修养护									
1	机房及管理房维修养护	m²	600	320	440	240	340	180	220	120
2	坝区绿化	m²	1500	1500	1125	1125	750	750	375	375
3	围墙护栏维修养护	m	1500	1500	1125	1125	750	750	375	375
六	物料动力消耗									
1	电力消耗	kW·h	45000	45000	35000	35000	20000	20000	10000	10000
2	柴油消耗	kg	2000	2000	1600	1600	1200	1200	800	800
3	机油消耗	kg	2000	2000	1600	1600	1200	1200	800	800
4	黄油消耗	kg	1000	1000	700	700	500	500	200	200
七	自动控制设施维修养护	维修率	按其固定资产5%计算							
八	大坝电梯维修	维修率	按其固定资产1%计算							
九	门式启闭机维修	维修率	按其固定资产1.2%计算							
十	检修闸门维修	扇	按实有闸门数量计算							
十一	白蚁防治	m²	按实有面积计算							
十二	通风机维修养护	台	按实有数量计算							
十三	自备发电机组维修养护	kW	按实有功率计算							
十四	廊道维修养护	100m	按实有长度计算							

水库工程维修养护项目工作(工程)量调整系数按表3.5.3执行。

表3.5.3　水库工程维修养护项目工作(工程)量调整系数表

编号	影响因素	基准		调整对象	调整系数
1	闸门扇数	大(Ⅰ)型	10扇	闸门、启闭机维修养护	每增减1扇系数增减0.1
		大(Ⅱ)型	7扇		每增减1扇系数增减0.14
		中型	4扇		每增减1扇系数增减0.25
		小型	2扇		每增减1扇系数增减0.5
2	坝长	600m		混凝土坝对主体工程维修养护进行调整,土石坝仅对护坡工程进行调整	每增减100m系数增减0.17
3	坝高	大(Ⅰ)型	100m	混凝土坝对主体工程维修养护进行调整,土石坝仅对护坡工程进行调整	每增减5m系数增减0.05
		大(Ⅱ)型	70m		每增减5m系数增减0.07
		中型	50m		每增减5m系数增减0.1
		小型	35m		每增减5m系数增减0.14
4	含沙量	多年平均含沙量5kg/m³以下		主体工程维修养护	大于5kg/m³系数增加0.1
5	闸门类型	平板钢闸门		闸门维修养护	弧形钢闸门系数增加0.2
6	护坡结构	浆砌石		土石坝护坡工程维修	干砌石系数增加0.1
7	严寒影响	非严寒地区		主体工程维修养护	东北、西北、华北及高寒区系数增加0.05

3.6 灌区工程维修养护工作(工程)量

灌区工程维修养护工作(工程)量,渠道工程以1000m长度为计算基准,渡槽工程、倒虹吸工程、涵洞(隧洞)工程以100m长度为计算基准,滚水坝工程以滚水坝体积为计算基准,各等级滚水坝计算基准体积如表3.6.1。灌区工程维修养护项目工作(工程)量按表3.6.2执行。灌区中的水闸工程、水库工程维修养护项目工作(工程)量参照3.3、3.5的有关规定执行。泵站工程维修养护项目工作(工程)量参照3.4的有关规定执行。灌区排水沟(渠)及涝区工程维修养护项目工作(工程)量参照灌区渠道及建筑物工程维修养护项目工作(工程)量执行。

表 3.6.1　滚水坝工程计算基准表

工程等级	一	二	三	四	五	六
坝体体积（m³）	32000	18000	8750	5550	2900	2200

表 3.6.2　灌区工程维修养护项目工作（工程）量表

编号	项　目	单位	工程等级							
			一	二	三	四	五	六	七	八
一	渠道工程									
（一）	渠道土方维修养护									
1	渠顶养护土方	m³	275	213	128	101	98	74	60	34
2	渠坡养护土方	m³	162	142	111	103	102	60	34	34
（二）	护渠林养护	株	按实有工程量计算							
（三）	附属设施维修养护									
1	标志牌（碑）维护	个	9	9	8	8	7	6	5	5
2	管理房维修养护	m²	5	5	5	4	3	3	3	2
（四）	生产交通桥维修养护	座	按实有数量计算							
（五）	涵闸维修养护	座	按实有数量计算							
（六）	跌水陡坡维修养护	座	按实有数量计算							
（七）	撇洪沟维修养护	维修率	按工程设施资产的 3.5% 计算							
（八）	量水设施维修养护	维修率	按工程设施资产的 4% 计算							
（九）	渠道清淤（沉沙池清淤）	m³	按实有工程量计算							
（十）	渠道防渗工程维修养护	m²	按实有工程量计算							
（十一）	自动控制设施维修养护	维修率	按工程资产的 5% 计算							
二	渡槽工程									
（一）	主体建筑物维修养护									
1	养护土方	m³		336	109	41	33	25	20	16
2	混凝土破损修补	m³		6.91	5.38	2.74	2.13	1.52	1.10	0.85
3	工程表面裂缝维修养护	m²		477	325	277	248	175	111	67
4	浆砌石破损修补	m³		10.37	7.52	2.64	2.06	1.48	1.08	0.85
5	止水维修养护	m		37.32	30.30	14.43	11.36	8.32	6.15	4.92
6	护栏维修养护	m		200	200	200	200	200	200	200

编号	项目	单位	工程等级							
			一	二	三	四	五	六	七	八
（二）	管理房维修养护	m²		60	24	8				
（三）	渡槽清淤	m³	按实有工程量计算							
三	倒虹吸									
（一）	主体建筑物维修养护									
1	养护土方	m³		173	71	36	31	27	25	23
2	浆砌石破损修补	m³	14.75	4.92	2.04	1.96	1.59	0.99	0.85	
3	拦污栅维修养护	m²		43	43	5	4	3	2	1
4	混凝土破损修补	m³		6.36	2.13	1.99	1.00	0.91	0.85	0.85
5	裂缝处理	m²		4.64	4.64	2.48	2.24	1.98	1.80	1.70
6	止水维修养护	m	36.33	36.33	11.11	8.14	5.18	3.10	1.91	
（二）	管理房维护	m²		54	54	17	12			
（三）	倒虹吸清淤	m³	按实有工程量计算							
四	涵洞（隧洞）									
1	养护土方	m³		101	101	44	37	31	26	23
2	浆砌石破损修补	m³	27.31	9.45	3.77	3.10	2.43	1.96	1.70	
3	拦污栅维修养护	m²		23	23	15	14	14	13	13
4	混凝土破损修补	m³	11.82	5.30	2.04	1.66	1.28	1.02	0.85	
5	裂缝处理	m²		5.06	4.16	1.97	1.62	1.25	0.99	0.85
6	止水维修养护	m	20.34	20.34	6.39	4.75	3.10	1.96	1.30	
7	涵洞（隧洞）清淤	m³	按实有工程量计算							
五	滚水坝									
（一）	主体建筑物维修养护									
1	养护土方	m³		272	247	213	170	128	85	
2	工程表面维修养护	m²		510	404	302	204	85	43	
3	混凝土破损修补	m³		15.3	8.5	8.0	6.8	2.6	1.7	
4	浆砌石破损修补	m³		43.4	34.0	25.5	21.3	8.5	5.1	
5	防冲设施破坏处理	m³		34.0	25.5	19.6	12.8	8.5	4.3	
6	反滤排水设施维护	m³		4.3	4.3	3.4	3.4	0.9	0.9	
（二）	管理房维护	m²		100	100	80	70	40	40	

渠道工程维修养护项目工作(工程)量调整系数按表3.6.3执行。

表3.6.3 渠道工程维修养护项目工作(工程)量调整系数表

编号	影响因素	基　准	调整对象	调整系数
1	渠道设计流量	一~八等渠道工程计算基准流量分别为300、200、60、17、12、7、4、2m³/s	渠道土方、生产交通桥、涵闸、跌水陡坡维修养护项目	按直线内插法或外延法计算
2	渠顶石渣路面	土质路面	渠顶养护土方	若渠顶为石渣路面,其相应长度的渠顶养护土方调减为零,石渣路面维修养护按0.94元/m²计算

渡槽工程维修养护项目工作(工程)量调整系数按表3.6.4执行。

表3.6.4 渡槽工程维修养护项目工作(工程)量调整系数表

编号	影响因素	基　准	调整对象	调整系数
1	渡槽设计流量	一~八等渡槽工程计算基准流量分别为300、200、60、17、12、7、4、2m³/s	维修养护项目	按直线内插法或外延法计算
2	渡槽结构	钢筋混凝土结构	维修养护项目	钢丝网结构系数增加0.1
3	渡槽长度	100m	工程表面裂缝维修养护、混凝土破损修补、止水维修养护、护栏维修养护	每增减10m系数增减0.1

倒虹吸工程维修养护项目工作(工程)量调整系数按表3.6.5执行。

表 3.6.5 倒虹吸工程维修养护项目工作(工程)量调整系数表

编号	影响因素	基 准	调整对象	调整系数
1	倒虹吸设计流量	一～八等倒虹吸工程计算基准流量分别为 300、200、60、17、12、7、4、2m³/s	维修养护项目	按直线内插法或外延法计算
2	倒虹吸结构	钢筋混凝土结构	维修养护项目	金属结构系数调减 0.2
3	倒虹吸长度	100m	混凝土破损修补、裂缝处理、止水维修养护	每增减 10m 系数增减 0.1

涵洞(隧洞)工程维修养护项目工作(工程)量调整系数按表 3.6.6 执行。

表 3.6.6 涵洞(隧洞)工程维修养护项目工作(工程)量调整系数表

编号	影响因素	基 准	调整对象	调整系数
1	涵洞设计流量	一～八等涵洞工程计算基准流量分别为 300、200、60、17、12、7、4、2m³/s	维修养护项目	按直线内插法或外延法计算
2	涵洞长度	100m	混凝土破损修补、裂缝处理、止水维修养护	每增减 10m 系数增减 0.1

滚水坝工程维修养护项目工作(工程)量调整系数按表 3.6.7 执行。

表 3.6.7 滚水坝工程维修养护项目工作(工程)量调整系数表

编号	影响因素	基 准	调整对象	调整系数
1	坝体体积	一～八等滚水坝基准体积分别为 32000、18000、8750、5550、2900m³ 和 2200m³	主体建筑物维修养护	按直线内插法或外延法计算
2	坝体结构	浆砌石	主体建筑物维修养护	混凝土坝系数减小 0.2,铅丝笼坝系数减小 0.4

4 附 则

4.1 本定额标准自颁布之日起执行。

4.2 本定额标准由财政部、水利部负责解释和修订。

4.3 中央直属水利工程管理单位维修养护定额标准见附录(仅发中央直属单位)。

4.4 各省(市、自治区)可根据本地区具体情况,参照本定额标准制定实施细则。

附录 中央直属水利工程维修养护定额标准

一、堤防工程维修养护定额标准

1.堤防工程基本维修养护项目定额标准按表 1.1 执行。

表 1.1　堤防工程基本维修养护项目定额标准

（单位:元/(km·年)）

编号	项 目	1 级堤防			2 级堤防			3 级堤防		4 级堤防
		一类	二类	三类	一类	二类	三类	一类	二类	
	合　计	56219	49259	40755	38181	31102	25910	19447	15172	14293
一	堤顶维修养护	15226	13549	11872	9980	8944	7909	5137	4230	3422
1	堤顶养护土方	6900	6210	5520	4830	4485	4140	2070	1656	1242
2	边埂整修	1804	1804	1804	799	799	799			
3	堤顶洒水	1970	1576	1182	1103	828	552	591	394	
4	堤顶刮平	2965	2372	1779	1660	1245	830	889	593	593
5	堤顶行道林养护	1587	1587	1587	1587	1587	1587	1587	1587	1587
二	堤坡维修养护	37410	32364	25823	25506	19694	15710	12740	9518	9518
1	堤坡养护土方	14850	12994	11138	8910	7425	5940	2970	2228	2228
2	排水沟维修养护	2520	2206		1890					
3	上堤路口维修养护	711	251	188	209	188	105	105	42	42
4	草皮养护及补植	19329	16913	14497	14497	12081	9665	9665	7248	7248
三	附属设施维修养护	1046	1046	1046	956	956	956	896	896	866
1	标志牌(碑)维护	250	250	250	160	160	160	100	100	70
2	护堤地边埂整修	796	796	796	796	796	796	796	796	796
四	堤防隐患探测	585	585	585	410	410	410			
1	普通探测	458	458	458	321	321	321			
2	详细探测	127	127	127	89	89	89			
五	勘测设计费	1202	1055	879	818	676	569	415	325	300
六	质量监督监理费	751	660	550	511	422	356	260	203	187

2.堤防工程调整维修养护项目定额标准按表 1.2 执行。调整项目定额标准不含勘测设计费和质量监督监理费,采用时按规定

的费率计列(下同)。

表 1.2 堤防工程调整维修养护项目定额标准

(单位:元/(km·年))

编号	项目		工程规模	定额标准	备注
1	防浪林养护		宽度 50m	4375	宽度在两档之间者,用直线内插法进行计算;宽度超出范围的,用直线外延法计算
			宽度 30m	2250	
			宽度 20m	1500	
			宽度 10m	750	
2	护堤林带养护		宽度 30m	1850	宽度在两档之间者,用直线内插法进行计算;宽度超出范围的,用直线外延法计算
			宽度 20m	1233	
			宽度 10m	617	
			宽度 5m	308	
3	淤区维修养护		宽度 100m	27844	宽度在两档之间者,用直线内插法进行计算;宽度超出范围的,用直线外延法计算。淤区为砂性土质定额标准调整系数为 1.2
			宽度 80m	21623	
			宽度 50m	15418	
			宽度 30m	11281	
4	前(后)戗维修养护		宽度 20m	5798	宽度在两档之间者,用直线内插法进行计算;宽度超出范围的,用直线外延法计算
			宽度 10m	5002	
			宽度 5m	4047	
5	土牛维修养护		各级堤防	0.35 元/m³	土牛整修按实有工程量进行计算
6	备防石整修		1 级一类	6.13 元/m³	按实有工程量进行计算
7	管理房维修养护			25 元/m²	按规定的管理房面积进行计算
8	害堤动物防治	獾、狐、鼠类防治	1 级一类	200	
			1 级二类	170	
			1 级三类	150	
			2 级一类	180	
			2 级二类	153	
			2 级三类	135	
			3 级一类	110	
			3 级二类	72	
			4 级	20	
		白蚁防治		2.19 元/m²	按实有发生面积进行调整
9	防浪(洪)墙维修养护			3.02 元/m	按实有长度进行调整
10	消浪结构维修养护			2.97 元/m	按实有长度进行调整

续表 1.2

编号	项目	工程规模	定额标准	备注
11	硬化堤顶维修养护	1级一类	14000	
		1级二类	12480	
		1级三类	10900	
		2级一类	9200	
		2级二类	8300	
		2级三类	7100	
		3级一类	4700	
		3级二类	3870	
		4级	3070	

3. 堤防工程维修养护定额标准调整系数按表 1.3 执行。

表 1.3　堤防工程维修养护定额标准调整系数表

编号	影响因素	基准	调整对象	调整系数
1	堤身高度	各级堤防基准高度分别为：8、7、6、6、5、4、4、3m 和 3m	堤坡维修养护、草皮养护及补植	每增减 1m,系数相应增减分别为 1/8、1/7、1/6、1/6、1/5、1/4、1/4、1/3 和 1/3
2	土质类别	壤性土质	基本项目	黏性土质系数调减 0.2
3	石护坡	草皮护坡	草皮养护及补植	每 100m^2 调减 18 元
4	无草皮土质护坡	草皮护坡	草皮养护及补植	去除该维修养护项目
5	年降水量变差系数 C_v	0.15～0.3	基本项目及有关调整项目	≥0.3 系数增加 0.05;<0.15 系数减少 0.05
6	海堤结构型式	土质堤防		陡墙式系数调减 0.7,混凝土结构系数调减 0.9
7	硬化堤顶	土质堤顶	堤顶维修养护	去除该维修养护项目

二、控导工程维修养护定额标准

1. 控导工程基本维修养护项目定额标准按表 2.1 执行。

表 2.1 控导工程基本维修养护项目定额标准

(单位:元/年)

编号	项目	丁坝		联坝(段)		护岸(段)
		坝(道)	垛(个)	土联坝	护石联坝	
	合计	12276	3944	3259	8263	5898
一	坝顶维修养护	1849	882	1286	1958	885
1	坝顶养护土方	272	181	544	544	
2	坝顶沿子石维修养护	1060	578		530	578
3	坝顶洒水			291	291	
4	坝顶刮平			208	208	
5	坝顶边埝整修	27		84	42	
6	备防石整修	490	123		184	307
7	坝顶行道林养护			159	159	
二	坝坡维修养护	3639	996	1464	2614	2660
1	坝坡养护土方	363		827	417	
2	坝坡养护石方	2910	996		1859	2655
3	排水沟维修养护	67		39	39	5
4	草皮养护及补植	299		598	299	
三	根石维修养护	6024	1691		2969	1659
1	根石探测	432	300		180	240
2	根石加固	5549	1370		2740	1370
3	根石平整	43	21		49	49
四	附属设施维修养护	378	251	407	462	422
1	管理房维修养护	200	83	250	250	250
2	标志牌(碑)维护	178	168	117	172	172
3	护坝地边埝整修			40	40	
五	勘测设计费	238	76	63	160	167
六	质量监督监理费	149	48	39	100	105

2.控导工程调整维修养护项目定额标准按表2.2执行。调整项目定额标准不含勘测设计费和质量监督监理费,采用时按规定的费率计列。

表 2.2　控导工程调整维修养护项目定额标准

编号	项目	工程规模	定额标准	备注
1	上坝路		碎结石路面按 7000 元/(km·年);柏油路面按 12000 元/(km·年)	上坝路长度按大堤至控导工程之间的实际距离计算
2	护坝林养护	宽度 100m	616 元/(100m·年)	宽度在两档之间者,用直线内插法进行计算;宽度超出范围的,用直线外延法计算
		宽度 80m	493 元/(100m·年)	
		宽度 50m	308 元/(100m·年)	
		宽度 30m	185 元/(100m·年)	

3.控导工程维修养护定额标准调整系数按表 2.3 执行。

表 2.3　控导工程维修养护定额标准调整系数

编号	影响因素	基准	调整对象	调整系数
1	坝体长度	80m	基本项目	每增减 10m,系数相应增减 0.05
2	联坝长度	100m		每增减 10m,系数相应增减 0.05
3	护岸长度	100m		每增减 10m,系数相应增减 0.05
4	坝、垛、护岸高度	4m	坝坡维修	每增减 1m,系数相应增减 0.2
5	坝体结构	乱石坝	基本项目	干砌石坝系数调减 0.4,浆砌石坝系数调减 0.7,混凝土坝系数调减 0.9
6	年降水量变差系数	0.15~0.3	基本及调整项目	≥0.3 系数增加 0.05;<0.15 系数减少 0.05

三、水闸工程维修养护定额标准

1.水闸工程基本维修养护项目定额标准按表 3.1 执行。

表 3.1 水闸工程基本维修养护项目定额标准表

(单位:元/(座·年))

编号	项 目	大型				中型		小型	
		一	二	三	四	五	六	七	八
	合 计	987507	762066	450339	283156	154558	105443	37638	20587
一	水工建筑物维修养护	72987	60041	39748	27146	15256	10930	7002	5112
1	养护土方	8115	8115	6763	6763	4058	4058	2705	2705
2	砌石护坡护底维修养护	28434	24373	17692	11494	6984	4073	2836	1611
3	防冲设施破坏抛石处理	4110	3083	1781	1028	438	274	206	137
4	反滤排水设施维修养护	11371	8528	4927	2843	1011	632	505	316
5	出水底部构件养护	4800	3600	2080	960	640	400	320	160
6	混凝土破损修补	9223	6917	3497	2018	922	576	115	38
7	裂缝处理	6034	4525	2288	1320	603	377	75	25
8	伸缩缝填料填充	900	900	720	720	600	540	240	120
二	闸门维修养护	426126	319595	174615	100739	44619	27887	6831	3029
1	止水更换	240772	180579	104335	60193	26084	16302	4514	2257
2	闸门防腐处理	185354	139016	70280	40546	18535	11585	2317	772
三	启闭机维修养护	175932	131949	73872	42619	22002	13524	5046	2455
1	机体表面防腐处理	40932	30699	15372	8869	4002	2274	546	205
2	钢丝绳维修养护	87000	65250	37700	21750	11600	7250	2900	1450
3	传(制)动系统维修养护	48000	36000	20800	12000	6400	4000	1600	800
四	机电设备维修养护	176680	137748	82020	53448	32000	23750	9876	5295
1	电动机维修养护	72000	54000	31200	18000	9600	6000	2400	1200
2	操作设备维修养护	60000	45000	26000	15000	8000	5000	2000	1000
3	配电设备维修养护	11200	9400	5040	3720	2400	1560	960	800
4	输变电系统维修养护	31880	27848	18780	15828	11600	10790	4316	2095
5	避雷设施维修养护	1600	1500	1000	900	400	400	200	200
五	附属设施维修养护	34300	32050	26450	23250	17300	13000	4650	3050
1	机房及管理房维修养护	15300	13050	9450	8250	6300	3000	1650	1050
2	闸区绿化	10000	10000	9000	9000	6000	5000	1500	1000
3	护栏维修养护	9000	9000	8000	6000	5000	5000	1500	1000
六	物料动力消耗	65789	53138	37357	25719	17795	12541	2873	902
1	电力消耗	27397	23959	17807	15241	11507	9223	1406	290
2	柴油消耗	24912	18712	11626	4982	2768	1522	609	208
3	机油消耗	6480	4867	3024	1296	720	396	158	54
4	黄油消耗	7000	5600	4900	4200	2800	1400	700	350
七	勘测设计费	23795	18363	10852	6823	3724	2541	907	496
八	质量监督监理费	11898	9182	5426	3412	1862	1270	453	248

2. 水闸工程调整维修养护项目定额标准按表 3.2 执行。调整项目定额标准不含勘测设计费和质量监督监理费,采用时按规定的费率计列。

表 3.2　水闸工程调整维修养护项目定额标准表

编号	项目	单位	定额标准(元)	备注
1	闸室清淤	m³	7.07	仅对年均含沙量大于 5kg/m³ 河流
2	白蚁防治	m²	2.19	
3	自动控制设施维修养护		按其固定资产 5% 计算	
4	自备发电机组维修养护	kW	20 元	

3. 水闸工程维修养护定额标准调整系数按表 3.3 执行。

表 3.3　水闸工程维修养护定额标准调整系数表

编号	影响因素	基准	调整对象	调整系数
1	孔口面积	一~八等水闸计算基准孔口面积分别为 2400、1800、910、525、240、150、30m² 和 10m²	闸门防腐处理	按直线内插法计算,超过范围按直线外延法
2	孔口数量	一~八等水闸计算基准孔口数量分别为 60、45、26、15、8、5、2 孔和 1 孔	闸门、启闭机和机电设备维修养护	一~八等水闸每增减 1 孔,系数分别增减 1/60、1/45、1/26、1/15、1/8、1/5、1/2、1
3	设计流量	一~八等水闸计算基准流量分别为 10000、7500、4000、2000、750、300、55m³/s 和 10m³/s	水工建筑物维修养护	按直线内插法计算,超过范围按直线外延法
4	启闭机类型	卷扬式启闭机	启闭机维修养护	螺杆式启闭机系数减少 0.3,油压式启闭机系数减少 0.1
5	闸门类型	钢闸门	闸门维修养护	混凝土闸门系数调减 0.3,弧形钢闸门系数增加 0.1
6	接触水体	淡水	闸门、启闭机、机电设备及水工建筑物维修养护	海水系数增加 0.2

编号	影响因素	基准	调整对象	调整系数
7	严寒影响	非高寒地区	闸门及水工建筑物	高寒地区系数增加 0.05
8	运用时间	标准孔数闸门年启闭 12 次	物料动力消耗	一~八等水闸单孔闸门启闭次数每增加一次,系数分别增加 1/720、1/540、1/312、1/180、1/120、1/60、1/24、1/12
9	流量小于 $10m^3/s$ 的水闸	$10m^3/s$	八等水闸基本项目	$10m^3/s > Q \geqslant 5m^3/s$,系数调减 0.59;$5m^3/s > Q \geqslant 3m^3/s$,系数调减 0.71;$3m^3/s > Q \geqslant 1m^3/s$,系数调减 0.84。上述三个流量段计算基准流量分别为 7、$4m^3/s$ 和 $2m^3/s$,同一级别其他值采用内插法或外延法取得

四、泵站工程维修养护定额标准

1. 泵站工程基本维修养护项目定额标准按表 4.1 执行。

表 4.1 泵站工程基本维修养护项目定额标准表

(单位:元/(座·年))

编号	项 目	大型站 一	中型站 二	中型站 三	中型站 四	小型站 五
	合 计	785857	599423	291024	87925	34015
一	机电设备维修养护	523970	386610	158779	44292	15543
1	主机组维修养护	370719	278040	111216	26748	7199
2	输变电系统维修养护	19714	17236	10814	5165	2525
3	操作设备维修养护	70290	43719	17487	7500	4500
4	配电设备维修养护	61807	46355	18542	4399	1200
5	避雷设施维修养护	1440	1260	720	480	120
二	辅助设备维修养护	77856	56983	23357	10710	6400
1	油气水系统维修养护	63870	46493	19161	7980	4600
2	拍门拦污栅等维修养护	7060	5295	2118	1450	1000

编号		项目	大型站	中型站			小型站
			一	二	三	四	五
3		起重设备维修养护	6926	5195	2078	1280	800
三		泵站建筑物维修养护	115373	100800	78636	22756	7127
	1	泵房维修养护	45240	36540	27840	6496	2088
	2	砌石护坡挡土墙维修养护	10332	9095	6946	4929	2474
	3	进出水池清淤	57267	53025	42420	10605	2121
	4	进水渠维修养护	2534	2140	1430	726	444
四		附属设施维修养护	29700	25200	15300	4800	2700
	1	管理房维修养护	10800	9000	4200	1800	900
	2	站区绿化	10800	9000	4800	1800	1000
	3	围墙护栏维修养护	8100	7200	6300	1200	800
五		物料动力消耗	10554	8164	4433	2189	1015
	1	电力消耗	6882	5614	2897	1811	906
	2	汽油消耗	1080	780	432	84	24
	3	机油消耗	1080	720	432	126	36
	4	黄油消耗	1512	1050	672	168	49
六		勘测设计费	18936	14444	7013	2119	820
七		质量监督监理费	9468	7222	3506	1059	410

2.泵站工程调整维修养护项目定额标准按表 4.2 执行。调整项目定额标准不含勘测设计费和质量监督监理费,采用时按规定的费率计列。

表 4.2　泵站工程调整维修养护项目定额标准表

编号	项目	工程规模	定额标准(元)	备注
1	检修闸维修养护	$Q \geqslant 50 \mathrm{m}^3/\mathrm{s}$	27420	单个闸门
		$30 \mathrm{m}^3/\mathrm{s} \leqslant Q < 50 \mathrm{m}^3/\mathrm{s}$	16452	
		$10 \mathrm{m}^3/\mathrm{s} \leqslant Q < 30 \mathrm{m}^3/\mathrm{s}$	5484	
		$5 \mathrm{m}^3/\mathrm{s} \leqslant Q < 10 \mathrm{m}^3/\mathrm{s}$	2742	
		$Q < 5 \mathrm{m}^3/\mathrm{s}$	665	
2	自备发电机组维修养护	kW	20	
3	自动控制设施维修养护		按其固定资产 5% 计算	

3.泵站工程维修养护定额标准调整系数按表 4.3 执行。

表 4.3　泵站工程维修养护定额标准调整系数表

编号	影响因素	基准	调整对象	调整系数
1	装机容量	一~五等泵站计算基准装机容量分别为 10000、7500、3000、550kW 和 100kW	基本项目	按直线内插法计算,超过范围按直线外延法
2	严寒影响	非高寒地区	泵站建筑物	高寒地区系数增加 0.05
3	水泵类型	混流泵	主机组检修	轴流泵系数增加 0.1

五、水库工程维修养护定额标准

1.水库工程基本维修养护项目定额标准按表 5.1 执行。

表 5.1　水库工程基本维修养护项目定额标准表

（单位:元/(座·年))

编号	项目	大（Ⅰ）型 混凝土坝	大（Ⅰ）型 土石坝	大（Ⅱ）型 混凝土坝	大（Ⅱ）型 土石坝	中型 混凝土坝	中型 土石坝	小型 混凝土坝	小型 土石坝
	合　计	800482	860427	620604	614790	441821	407955	266264	226351
一	主体工程维修养护	383869	448647	333655	333050	267295	238653	190470	154500
1	混凝土空蚀剥蚀磨损及裂缝处理	261246	35503	240350	35084	203309	26040	150193	25873
2	坝下防冲工程维修	54035	61934	43228	50414	32421	39607	24494	28087
3	土石坝护坡工程维修		282622		197475		141441		84757
4	金属件防腐维修	27288	27288	19102	19102	10915	10915	5458	5458
5	观测设施维修养护	41300	41300	30975	30975	20650	20650	10325	10325
二	闸门维修养护	70990	70990	49693	49693	28396	28396	14198	14198

编号	项 目	大(Ⅰ)型		大(Ⅱ)型		中 型		小 型	
		混凝土坝	土石坝	混凝土坝	土石坝	混凝土坝	土石坝	混凝土坝	土石坝
三	启闭机维修养护	46770	46770	32739	32739	18708	18708	9354	9354
四	机电设备维修养护	177000	177000	111300	111300	63600	63600	15900	15900
1	电动机维修养护	27000	27000	15400	15400	8800	8800	2200	2200
2	操作系统维修养护	48000	48000	30800	30800	17600	17600	4400	4400
3	配电设施维修养护	30000	30000	18200	18200	10400	10400	2600	2600
4	输变电系统维修养护	64000	64000	41300	41300	23600	23600	5900	5900
5	避雷设施维修养护	8000	8000	5600	5600	3200	3200	800	800
五	附属设施维修养护	40000	33000	29750	24750	21000	17000	11750	9250
1	机房及管理房维修养护	15000	8000	11000	6000	8500	4500	5500	3000
2	坝区绿化	10000	10000	7500	7500	5000	5000	2500	2500
3	围墙护栏维修养护	15000	15000	11250	11250	7500	7500	3750	3750
六	物料动力消耗	52920	52920	41036	41036	26852	26852	14968	14968
1	电力	27000	27000	21000	21000	12000	12000	6000	6000
2	柴油	6920	6920	5536	5536	4152	4152	2768	2768
3	机油	12000	12000	9600	9600	7200	7200	4800	4800
4	黄油	7000	7000	4900	4900	3500	3500	1400	1400
七	勘测设计费	19289	20733	14954	14814	10646	9830	6416	5454
八	质量监督监理费	9644	10367	7477	7407	5323	4915	3208	2727

平原水库(湖泊)围坝和低于13m的水库工程副坝维修养护定额标准参照堤防工程维修养护定额标准执行,进、出水闸参照水闸工程维修养护定额标准执行。

2. 水库工程调整维修养护项目定额标准按表5.2执行。调整项目定额标准不含勘测设计费和质量监督监理费,采用时按规定的费率计列。

表 5.2 水库工程调整维修养护项目定额标准表

编号	项目		工程规模及单位	定额标准	备注
1	自动控制设施运行维护			按其固定资产5%计算	
2	大坝电梯维修			按其固定资产1%计算	
3	门式启闭机维修	大型水库		按其固定资产1.2%计算	
		中小型水库		按其固定资产1.5%计算	
4	检修闸门维修		同级别闸门	0.3×同级别工作闸门维修费	
5	白蚁防治		防治面积(m²)	2.19元	
6	通风机维修养护		台	5739元	
7	自备发电机组维修养护		kW	20元	
8	廊道维修养护		100m	1000元	

3. 水库工程维修养护定额标准调整系数按表5.3执行。

表 5.3 水库工程维修养护定额标准调整系数表

编号	影响因素	基准		调整对象	调整系数
1	闸门扇数	大(Ⅰ)型	10扇	闸门、启闭机维修养护	每增减1扇系数减0.1
		大(Ⅱ)型	7扇		每增减1扇系数减0.14
		中型	4扇		每增减1扇系数增减0.25
		小型	2扇		每增减1扇系数增减0.5
2	坝长	600m		混凝土坝对主体工程维修养护进行调整，土石坝仅对护坡工程进行调整	每增减100m系数增减0.17
3	坝高	大(Ⅰ)型	100m	混凝土坝对主体工程维修养护进行调整，土石坝仅对护坡工程进行调整	每增减5m系数增减0.05
		大(Ⅱ)型	70m		每增减5m系数增减0.07
		中型	50m		每增减5m系数增减0.1
		小型	35m		每增减5m系数增减0.14
4	含沙量	多年平均含沙量5kg/m³以下		主体工程维修养护	大于5kg/m³系数增加0.1
5	闸门类型	平板钢闸门		闸门维修养护	弧形钢闸门系数增加0.2
6	护坡结构	浆砌石		土石坝护坡工程维修	干砌石系数增加0.1
7	严寒影响	非严寒地区		主体工程维修养护	东北、西北、华北及高寒区系数增加0.05

· 178 ·